DIE
FESTEN STÄDTISCHEN
ABFALLSTOFFE

IHRE BESEITIGUNG
UND
INDUSTRIELLE VERWERTUNG

VON

Dr.=Ing. CAMILLO POPP

MIT 41 ABBILDUNGEN

MÜNCHEN UND BERLIN 1931
VERLAG VON R. OLDENBOURG

Druck von R. Oldenbourg, München.

MEINER LIEBEN MUTTER

UND DEM GEDENKEN MEINES VATERS

IN DANKBARKEIT

GEWIDMET

Vorwort.

Ein in technischer, hygienischer und wirtschaftlicher Hinsicht befriedigendes Verfahren zur Beseitigung und industriellen Verwertung der in großen Mengen anfallenden festen städtischen Abfallstoffe zu finden, gehört mit zu den schwierigsten kommunaltechnischen Aufgaben.

Zweck der vorliegenden Arbeit ist es, zu versuchen, die Vor- und Nachteile der verschiedenen in Frage kommenden Verfahren klarzustellen und auf die Möglichkeiten ihrer Verbesserung hinzuweisen. Sie soll den Stadtverwaltungen, welche an eine zeitgemäße Lösung dieser bedeutsamen Aufgabe herantreten müssen, ein wertvoller Berater sein und zur Wahl eines in jeder Hinsicht einwandfreien Verfahrens erleichternd beitragen.

Die Abhandlung ist das Ergebnis langer Studien und sehr umfangreicher Reisen, welche der Verfasser in den letzten zwei Jahren im In- und Ausland unternommen hat.

Der Arbeit liegt eine von der Technischen Hochschule München genehmigte Dissertation zugrunde.

Es ist mir eine angenehme Pflicht, an dieser Stelle allen Behörden, sowie den verschiedenen Müllfeuerungsgesellschaften, welche durch bereitwillige Auskunft zum Gelingen der vorliegenden Arbeit beigetragen haben, meinen verbindlichsten Dank auszusprechen. Zu besonders hohem Danke bin ich meinen hochverehrten Lehrern an der Technischen Hochschule München, Herrn Prof. Stadtbaurat a. D. Adolf Göller und Herrn Prof. Dr.-Ing. Martin Strell, verpflichtet, welche mir viele wertvolle Ratschläge erteilt haben und durch das lebhafte Interesse, das sie von allem Anfang meiner Arbeit entgegenbrachten, deren Zustandekommen überhaupt ermöglichten.

Dem Verlag R. Oldenbourg danke ich bestens für sein bereitwilliges Entgegenkommen bei der Ausstattung des Buches.

Der Verfasser.

Inhaltsverzeichnis.

VIII

Kapitel 1.

Allgemeine Betrachtungen und geschichtlicher Überblick.

Die Abfallstoffbeseitigung ist nicht erst heute eine überaus bedeutende kommunale Angelegenheit, sondern geht vielmehr schon auf die Zeit zurück, als der Mensch aufhörte, ein Nomade zu sein. Infolge seiner im Laufe der Zeit stets wachsenden Intelligenz wurden auch seine Lebensbedürfnisse immer vielseitiger. Die sich hieraus zwangläufig ergebende Arbeitsteilung vereinigte eine immer größere Anzahl von Menschen in geschlossene Siedlungen und damit begann sich allmählich auch das Bedürfnis und die Notwendigkeit zu entwickeln, sich der stets wachsenden Menge der Abfallstoffe in möglichst einwandfreier Weise zu entledigen.

Es ist bekannt und nachgewiesen, daß die Völker des Altertums, Ägypter, Griechen und ganz besonders die Römer, der Reinhaltung ihrer Wohnungen sowie des Straßennetzes ihrer Niederlassungen, bereits große Sorgfalt zugewandt haben.

Mit dem Verfall des römischen Reiches kam man jedoch auch von den Bräuchen ab, welche die römische Zivilisation im Interesse der öffentlichen Gesundheitspflege übte. Die guten, oft mustergültigen Straßen der Römerstädte verschwanden alsbald unter den auf ihnen angehäuften Unratmengen. Die Straße wurde mangels anderer geeigneter Plätze geradezu als Ablagerstätte aller Abfallstoffe benutzt, deren man sich in Haus und Hof entledigen wollte. Dieses gilt nicht nur von den festen Abfallstoffen sondern auch von den Abwässern aller Art, welche mangels einer geeigneten Straßenentwässerung in den Straßenkörper versickerten oder langsam abflossen. Der sich hieraus entwickelnde Zustand machte die Straßen vielfach im Winter für den Fuhrwerksverkehr unbrauchbar, während er im Sommer zur Verbreitung von entsetzlichen Gerüchen führte und schließlich vielfach mit der Grund der in früheren Zeiten sehr häufig auftretenden verheerenden Seuchen war.

Eine Besserung dieser Zustände stellte sich in den westeuropäischen Städten erst in der zweiten Hälfte des 12. Jahrhunderts ein, als man an verschiedenen Orten mit der Pflasterung der Straßen und Plätze begann (z. B. Paris 1184, Prag 1331, Nürnberg 1368, Augsburg 1416). Mit der Pflasterung der Straßen kam im allgemeinen gleichzeitig auch der Brauch auf, daß eine Anzahl Bewohner gemeinsam einen Abfuhrwagen mieteten, mit welchem sie die in ihren Haushaltungen anfallenden festen Abfallstoffe auf einen Stapelplatz außerhalb des bewohnten Stadtgebietes bringen ließen. Im Laufe der weiteren Entwicklung wurde dann Form und Größe der Abfuhrwägen für feste Abfallstoffe sowie ganz bestimmte Zeiten für deren Sammlung, behördlich vorgeschrieben (z. B. in Paris im Jahre 1539). Das 19. Jahrhundert brachte endlich eine gesetzliche Regelung der Beseitigung der festen städtischen Abfallstoffe und es entstanden kommunale Betriebe, während früher die Abfallbeseitigung Sache der Grundeigentümer war.

Es muß an dieser Stelle darauf hingewiesen werden, daß infolge des Pflanzennährstoff-Gehaltes der festen städtischen Abfallstoffe, deren nutzbringende Beseitigung nahegelegen war und daß sie sich bis zur Zeit als die chemischen Düngemittel aufkamen, als Dungstoffe allgemeiner Wertschätzung erfreuten. Ihre Abfuhr konnte verpachtet und so den Stadtverwaltungen vielfach nicht unbedeutende Einnahmen zugeführt werden.

Erst in der zweiten Hälfte des 19. Jahrhunderts hat eine Wandlung dieser Verhältnisse stattgefunden. Die frühere Einnahmequelle durch das Verpachten der Unratabfuhr versiegte und es erwuchsen den Städten aus der Beseitigung der Abfälle sich jährlich steigernde Kosten, wie aus der folgenden Tabelle zu ersehen ist.

Stadt	Einnahmen		Ausgaben	
Hamburg .	1870	18 000 M. jährl.	1891	433 000 M. jährl.
Wiesbaden .	1895	7 M. f. 50—60 cbm	1903	73 000 » »
Köln	1880	3 M. für 1 Fuhre	1900	(findet keine Abnehmer)
Paris	1889	50 Centimes für 1 cbm	1900	3 800 000 Fr. jährl.

Der Grund für diese Erscheinung ist wohl darin zu suchen, daß durch die Einführung der Schwemmkanalisation eine Verminderung des Dungwertes der festen Abfallstoffe herbeigeführt wurde, weshalb die Landwirtschaft von ihrer Verwertung langsam abrückte in Anbetracht der gerade um jene Zeit aufkommenden besseren und preiswerteren chemischen Düngemittel. Auch war es die ständige Zunahme des Gehaltes der Abfallstoffe an sperrigen Bestandteilen, wie Konservenbüchsen, Porzellan, Glasscherben u. dgl., die ihre landwirtschaftliche Verwertung erschwerte, infolge der Verletzungsgefahr, welche ihre Unterbringung auf dem Felde für die Arbeitstiere bedeutete.

Die bedeutenden technischen Erfindungen der zweiten Hälfte des vorigen Jahrhunderts führten zu einem mächtigen wirtschaftlichen Aufschwung und einem sprunghaften Anwachsen der Städte. Diese Tatsache hatte einerseits zur Folge, daß die Menge der anfallenden städtischen Abfallstoffe eine ganz erhebliche Steigerung erfuhr und daß anderseits auch die daraus sich ergebenden Nachteile immer fühlbarer wurden.

Die großen Abfallmengen ließen bald die Einführung eines geregelten Beseitigungssystems als unbedingt notwendig erscheinen, was mit ganz erheblichen Ausgaben verbunden war. Die Beseitigung der festen städtischen Abfallstoffe wuchs somit allmählich zu einem bedeutenden und äußerst schwierigen Problem heran, welches den Stadtverwaltungen auch heute noch viele Sorge und Kopfzerbrechen verursacht.

Es begann jene Epoche auf dem Gebiete der Abfallbeseitigung und Städtereinigung, wo man unausgesetzt bis in die Gegenwart hinein auf verschiedenen Wegen bestrebt war, möglichst vollkommene Betriebseinrichtungen zu schaffen, welche die Beseitigung der festen städtischen Abfallstoffe bei geringstem Kostenaufwand und gleichzeitiger restloser Berücksichtigung der hygienischen und ästhetischen Gesichtspunkte und Anforderungen ermöglichen sollte.

Diese Bestrebungen wurden und werden heute noch dadurch bedeutend erschwert, daß die Gestaltung der Abfallbeseitigung und deren Kosten in sehr hohem Maße von den örtlichen Verhältnissen abhängig ist, so daß ein Vergleich der Wirtschaftlichkeit der verschiedenen Verfahren nicht ohne weiteres möglich ist.

Kapitel 2.

Zusammensetzung und Eigenschaften der festen städtischen Abfallstoffe.

Für die festen städtischen Abfallstoffe, von welchen in den folgenden Abschnitten die Rede sein wird, hat sich allgemein die Bezeichnung Müll[1]) eingebürgert, von welcher bei den weiteren Ausführungen ausschließlich Gebrauch gemacht werden soll.

Man hat zu unterscheiden zwischen:
  a) Hausmüll und
  b) Straßenmüll oder Straßenkehricht.

Unter Hausmüll oder kurz Müll versteht man die Gesamtheit aller in Haus und Hof anfallenden festen Abfallstoffe, die sich aus den Verbrennungsrückständen der Hausfeuerungen und Zentralheizungen, aus Kehricht, aus Resten von zubereiteten und unzubereiteten Nahrungsmitteln tierischer und pflanzlicher Natur sowie aus den im Haushalt überflüssig und unbrauchbar gewordenen Gegenständen aller Art zusammensetzen. — Gewerbliche Abfälle, wie z. B. Fischreste aus Räuchereien gehören nicht in den Müll sondern in die Abdeckerei. Ich möchte gleich an dieser Stelle anführen, daß man den Teil des Hausmülls, welchen man als Siebdurchfall bei einer Maschenweite des Siebes von 15 mm erhält, als Feinmüll und den von den Sperrstoffen befreiten Siebrückstand als Grobmüll zu bezeichnen pflegt. (s. S. 52).

Der Straßenmüll oder Straßenkehricht entsteht durch die Abnützung des Straßenkörpers und der Bereifung der Verkehrsfahrzeuge, durch Ausscheidungen der Zugtiere, durch von Bäumen gefallenes Laub, durch fortgeworfenes Papier, Obstschalen u. dgl. m. — Seine chemische Zusammensetzung und Menge ist je nach Art der Straßenbefestigung und der Größe des Verkehrs sowie der örtlichen klimatischen Verhältnisse erheblichen Schwankungen unterworfen. Thiesing gibt als Schwankungsgrenzen folgende Durchschnittswerte an (s. Lit. 27):

---

[1]) »Der Müll« ist die süddeutsche Ausdrucksweise.
»Das Müll« ist die norddeutsche Ausdrucksweise.

Wasser	1,00	bis	51,88
Organische Stoffe	1,86	»	76,68
Mineralische Stoffe	20,39	»	77,12
Kalk	0,81	»	7,84
Phosphorsäure: gesamt	0,02	»	0,95
Phosphorsäure: zitronensäurelöslich	0,00	»	0,31
Kali	0,05	»	0,86
Stickstoff	0,06	»	3,90.

Die anfallende Menge beträgt nach Niedner etwa 140 bis 180 l je Kopf und Jahr. Das spezifische Gewicht kann im Mittel mit etwa 1100 kg/m³ angenommen werden.

Die Beseitigung und Verwertung des Haus- und Straßenmülls erfolgt meistens getrennt. Der Straßenmüll kann nämlich infolge seines größeren Pflanzennährstoffgehaltes und des wesentlich geringeren Anfalles in den meisten Fällen leicht an die Landwirtschaft abgegeben werden. Die folgenden Ausführungen sollen sich daher in erster Linie auf den Hausmüll beziehen. Es sei aber ausdrücklich darauf hingewiesen, daß der gemeinsamen Beseitigung und Verwertung des Haus- und Straßenmülls nichts im Wege steht und das Folgende daher allgemeine Gültigkeit besitzt. Im letzteren Fall kommen die Müllstapelung (Kap. 6/2), die landwirtschaftliche Verwertung (Kap. 7) und die Müllverbrennung[1] (Kap. 11) in Frage.

Unter »Müll« sei also nachfolgend der Hausmüll gemeint.

Sowohl die Müllzusammensetzung als auch die erzeugte Müllmenge schwanken in weiten Grenzen. Sie hängen in hohem Maße mit der Ernährungsweise, den örtlichen Sitten und Gebräuchen sowie mit dem kulturellen Stand der Bewohner eng zusammen und sind daher nicht nur örtlichen erheblichen Änderungen unterworfen, sondern schwanken auch innerhalb ein und derselben Stadt infolge des verschiedenen Charakters der einzelnen Stadtbezirke. Die Müllzusammensetzung und Müllmenge wird ferner durch die Jahreszeiten stark beeinflußt und letztere ist sogar wöchentlichen Schwankungen unterworfen. Bestimmend für die Zusammensetzung des Mülls ist schließlich auch das Sammelsystem. (Größerer

---

[1] Köln verbrennt den Straßenmüll gemeinsam mit dem Hausmüll.

Gehalt des Mülls an sperrigen Bestandteilen bei Sammlung in Müllgruben gegenüber den geschlossenen Müllgefäßen der üblichen Art.)

Um diese Behauptungen zu bekräftigen, seien einige zahlenmäßige Ergebnisse an verschiedenen Orten angestellter Untersuchungen angeführt.

1. Müllmenge.

a) Spezifische Müllmenge.

Als spezifische Müllmenge, d. h. als Anzahl der anfallenden kg Müll je Kopf und Tag der Bevölkerung sind auf Grund von eingehenden Forschungen für einige Staaten folgende Zahlenwerte ermittelt worden, welche gegenwärtig Gültigkeit besitzen:

Deutschland 0,4 bis 0,5 kg je Kopf und Tag,
Frankreich   0,6 » 0,7 » » » » »
England   0,5 » 0,8 » » » » »
U. S. A.   1,2 » 1,5 » » » » »

b) Einfluß der Jahreszeit auf den Müllanfall.

Die Schwankungen zwischen der spezifischen Sommermüll- und Wintermüllmenge sowie der auf die einzelnen Stadtbezirke entfallenden spezifischen Müllmengen sind durch genaue Untersuchungen für Hamburg ermittelt worden. Man fand, daß die spezifische Sommermüllmenge in den einzelnen Stadtbezirken zwischen 0,65 und 1,41 l je Kopf und Tag, also um etwa 117%, dagegen die spezifische Wintermüllmenge zwischen 0,89 und 1,85 l je Kopf und Tag, also um etwa 108% schwankt. Der Unterschied zwischen der spezifischen Sommer- und Wintermüllmenge konnte als zwischen 20% und 60% schwankend ermittelt werden. Wenn auch diese für Hamburg gefundenen Werte nicht allgemeine Gültigkeit besitzen, so bilden sie dennoch auch für andere Orte wertvolle Anhaltspunkte.

Die Tatsache, daß der Wintermüllanfall in den nördlichen Städten größer ist als der Sommermüllanfall, hängt mit dem großen Aschengehalt des Mülls während der kalten Jahreszeit zusammen. Es ist interessant zu bemerken, daß unter besonderen Umständen, selbst in Städten mit strengen Wintermonaten, Ausnahmen dieser Regel nicht ausgeschlossen sind. So gleicht beispielsweise der große Fremdenverkehr in den bekannten Kurorten Baden-Baden und Zoppott den erwähnten allgemeinen Unterschied zwischen der anfallenden Sommer- und Wintermüllmenge aus. Ferner ist auch zu bemerken, daß in südlich gelegenen Städten, besonders Amerikas, einerseits infolge des verschwindend kleinen Aschengehalts des Mülls und anderseits infolge der im Sommer in großen Mengen anfallenden Obst- und Gemüseabfällen der Sommermüllanfall größer sein kann als die erzeugte Wintermüllmenge.

c) Einfluß der Lebensgewohnheiten der Bewohner auf die Müllproduktion.

Inwieferne die Lebensweise der Bewohner auf die Menge des jährlich anfallenden Mülls einen Einfluß besitzt, zeigen die folgenden über die Verhältnisse in Paris vorliegenden Zahlenwerte:

Jahr	Einwohner-zahl	Jährl. Müll-mengen	Jährl. Müllmenge je Kopf der Bevölkerung
1900	2 630 773	1 084 660 m³	411 l Kopf und Jahr
1913	2 896 329	1 668 900 »	576 » » » »
1922	2 863 433	1 760 576 »	615 » » » »

Man sieht hieraus ganz deutlich, daß mit dem kulturellen Fortschritt einer Stadtbevölkerung und den damit verknüpften gesteigerten Lebensbedürfnissen sowie einer hygienischeren Lebensweise auch die spezifische Müllmenge zunimmt.

2. Müllzusammensetzung.

a) Physikalische Zusammensetzung.

Man hat drei Hauptbestandteile zu unterscheiden:
1. Asche: gebildet aus den Verbrennungsrückständen der Hausfeuerungen und Zentralheizungen.
2. Küchenabfälle: gebildet aus Resten von zubereiteten und unzubereiteten Nahrungsstoffen, — also organische und vegetale Substanzen, welche rasch in Fäulnis übergehen und auf andere hierzu neigende Stoffe fäulniserregend wirken.

3. Sperrstoffe und Kehricht: gebildet einerseits aus den
bei Hausreinigungen zusammengetragenen Schmutz und
Staub und anderseits aus im Haushalt überflüssig oder
unbrauchbar gewordenen Gegenständen, wie altes Kleidungs-
und Schuhmaterial, Papier, Pappe- und Holzabfällen, Glas-
und Porzellanscherben, Konservenbüchsen und Metalle
verschiedener Art.

Die Müllzusammensetzung ist den gleichen Schwankungsursachen, und zwar in gesteigertem Maße unterworfen, wie die
Müllmenge. Wegen den bedeutenden örtlichen Änderungen
können allgemein gültige Werte nicht angegeben werden. Aus
zahlreichen mechanischen Müllanalysen hat sich jedoch ergeben, daß in Deutschland, Frankreich, Belgien und England
der Gehalt des Mülls an Asche mit einem Kohlenstoffgehalt
bis 29% überwiegt, dann folgen Küchenabfälle und schließlich
die Sperrstoffe.

Einen weit größeren Einfluß als auf den Müllanfall besitzen die Lebensgewohnheiten der Menschen auf die Müllzusammensetzung. So ist in den Vereinigten Staaten von
Nordamerika infolge des allgemeinen Wohlstandes und des
unerschöpflich reichen Bodens der Gehalt des Mülls an Küchenabfällen erheblich größer als in europäischen Städten. Auch
ist der Gehalt nordamerikanischen Mülls an Papier sehr erheblich infolge der gegenüber anderen Staaten besonders großen
Auflagen der Zeitungen und Zeitschriften.

In England, dem Lande der billigen Kohlen, weist der
Müll einen verhältnismäßig großen Gehalt an Kohlenstoff auf,
während der deutsche Müll mit dem größten Aschengehalt die
deutsche Wirtschaftlichkeit kennzeichnet.

Die erheblichen Schwankungen der physikalischen Müllzusammensetzung infolge der eben erwähnten Einflüsse ver-
anschaulichen die folgenden Zahlenwerte:

	Asche:	Küchenabfälle:	Sperrstoffe:
Berlin-Charlottenburg . .	67%	15%	17%
Saint-Paul	50%	35%	15%
Chicago	50%	20%	30%
Milwaukee	17,2%	77,5%	4,3%
San Francisco	10%	46%	44%
Savannah (Süd-Karolinien)	10%	45—55%	45—35%

b) Chemische Zusammensetzung.

Infolge der veränderlichen physikalischen schwankt naturgemäß auch die chemische Zusammensetzung des Mülls,
welche den gleichen Schwankungsursachen untersteht.
Eingehende chemische Müllanalysen sind an verschiedenen
Orten, hauptsächlich zur Ermittlung seines Dung- und Heizwertes, ausgeführt worden. Um einen Begriff von dem chemischen Aufbau des Mülls zu bekommen, sei hier eine von
Th. Weyl für Brüssel angegebene Analyse angeführt (s. Lit. 23):

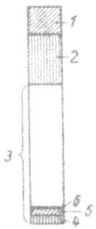

1. Wasser 13,00%
2. Organische Stoffe . . 23,50%
3. Anorganische Stoffe . 65,50%
4. Stickstoff 0,34%
5. Phosphorsäure . . . 0,37%
6. Kali 0,064%

Die angeführten Zahlenwerte schwanken je nach
dem Ort und der Jahreszeit in weiten Grenzen.

3. Spezifisches Gewicht und Feuchtigkeitsgehalt des Mülls.

Sowohl das spezifische Gewicht (kg je 1 m^3) als auch der
Feuchtigkeitsgehalt des Mülls (kg Wasser verdampft aus 1 kg
Müll bei 105° C) sind naturgemäß den gleichen örtlichen und
zeitlichen Schwankungen unterworfen wie die physikalische
und chemische Zusammensetzung des Mülls, von welchen sie
unmittelbar abhängig sind. Es können demnach für diese
ebenfalls keine allgemein gültigen Zahlenwerte angegeben
werden. Trotzdem aber möchte ich hier die für Pariser Müll
im Jahre 1927 ermittelten Werte anführen, um eine Vorstellung
von den Grenzen der innerhalb eines Jahres möglichen Schwankungen gewinnen zu können.

	Spez. Gewicht:	Feuchtigkeit:
Januar	399 kg/m^3	0,31 kg
Februar	381 »	0,34 »
März	373 »	0,33 »
April	332 »	0,35 »
Mai	313 »	0,44 »
Juni	294 »	0,48 »
Juli	270 »	0,46 »

	Spez. Gewicht:	Feuchtigkeit:
August	236 kg/m³	0,47 kg
September	267 »	0,48 »
Oktober	332 »	0,43 »
November	384 »	0,34 »
Dezember	416 »	0,32 »

Das spezifische Gewicht des Pariser Mülls ist verhältnismäßig gering. Als guter Mittelwert für Europa gilt 550 kg/m³.

Schlußwort zu Kapitel 2.

Die obigen Ausführungen über die Müllbeschaffenheit ergeben zusammenfassend, daß man es beim Müll mit einer sehr verschiedenartigen Materie zu tun hat, so daß sowohl was die Frage der Sammlung und Abfuhr als auch vor allen Dingen der Verwertung des Mülls anbelangt, eine einheitliche Lösung nicht möglich ist. Es ist unzulässig ein in einer Stadt selbst mit großem Erfolg angewendetes Müllbeseitigungssystem ohne weiteres anderweitig einzuführen.

Wie aus den Angaben über die Müllzusammensetzung hervorgeht, setzt sich der Müll aus einer Anzahl von Stoffen zusammen, welche zum Teil einen gewissen Dungwert in sich schließen, zum Teil aber brennbar sind, also einen mehr oder weniger großen Heizwert besitzen und endlich aus Stoffen, die einen gewissen Altmaterialwert haben.

Soll nun eine einwandfreie Lösung der Müllfrage ermöglicht werden, so ist es notwendig auf diese verschiedenen Eigenschaften der Müllbestandteile weitgehende Rücksicht zu nehmen. Es erweist sich daher als unerläßlich, vor der Wahl eines Müllbeseitigungs- oder Müllverwertungssystems eingehende und genaue Untersuchungen über die anfallende Menge und die physikalische und chemische Zusammensetzung des Mülls sowie deren Schwankungen vorzunehmen.

Es können die Stadtverwaltungen nicht nachdrücklich genug darauf hingewiesen werden, frühzeitig ihre Müllverhältnisse eingehend zu studieren und statistisch zu erfassen, damit bei der früher oder später sich als notwendig erweisenden Lösung der Müllfrage die Möglichkeit einer falschen Wahl des Beseitigungs- bzw. Verwertungssystems ausgeschlossen oder zumindest auf das kleinst mögliche Maß zurückgeführt wird.

Kapitel 3.

Hygienische Bedeutung des Mülls.

Berechtigte Annahmen über gesundheitsgefährdende Eigenschaften des Mülls haben zu Untersuchungen Anlaß gegeben, wobei die außerordentlich hohe Bakterienzahl von ½ bis 10 Millionen je Gramm Müll ermittelt wurde. Da aber mit der Größe der Bakterienzahl auch die Wahrscheinlichkeit wächst, daß Krankheitskeime vorhanden sind, so geht daraus schon die große Bedeutung hervor, welche in gesundheitlicher Hinsicht der Müllfrage beigemessen werden muß.

Pathogene Bakterien gelangen in den Müll durch den Stubenkehricht derjenigen Häuser, die an Infektionskrankheiten leidende Menschen beherbergen und ihr Vorhandensein im Müll ist auf Grund verschiedener Untersuchungen nachgewiesen worden. So weisen Ferrand, Kelst und andere Autoren auf das Vorhandensein von Tuberkulose- und Diphteriebazillen, sowie von anderen Krankheitskeimen, im Stubenkehricht hin.

Anderseits ist besonders von Dr. Hillgermann (s. Lit. 15 u. 37) durch genaue Untersuchungen bewiesen worden, daß bestimmte Arten pathogener Keime im Müll besonders günstige Lebensbedingungen vorfinden. So blieben Typhusbazillen mehr als 40 Tage, Paratyphus-, Pseudodysenterie- und Milzbrandbazillen mehr als 80 Tage im Stubenkehricht lebensfähig, während Choleravibrionen bereits nach 24 Stunden abgestorben waren. In dem hauptsächlich aus Küchenabfällen bestehenden Müll war die Lebensfähigkeit von geringerer Dauer. Es blieben darin Typhus- und Dysenteriebazillen nur 4 bzw. 5 Tage, Paratyphus- und Pseudodysenteriebazillen nur 24 bzw. 20 Tage lebensfähig.

Eine besonders lange Lebensfähigkeit von teilweise über 100 Tagen bewahrten Typhus-, Paratyphus- und Dysenteriebazillen in Kohlenasche.

In besonderen Ausnahmefällen kann die Lebensfähigkeit der Bakterien im Müll mehrere Jahre hindurch erhalten bleiben. So soll bei den Untersuchungen, welche man gelegentlich einer im nördlichen Stadtteil Kopenhagens ausgebrochenen Choleraepidemie vorgenommen hatte, festgestellt worden sein, daß dieser Stadtteil auf einem 250 Jahre alten Müllablagerplatz auf-

gebaut war, und daß trotz der großen Spanne Zeit noch organische Substanzen im Gelände zu finden waren, die sich noch
im Stadium der Zersetzung befanden, somit also einen gefährlichen Bakterienherd bildeten (s. Lit. 2).

Die gesundheitsgefährdenden Eigenschaften des Mülls haben
stellenweise auch bedenkliche Folgen gehabt. So wurde beispielsweise im Jahre 1902 eine in Köln ausgebrochene Typhus-
epidemie von der Medizinalbehörde auf die Infektion durch
einen Müllablagerplatz zurückgeführt (s. Lit. 46).

Ferner sei auch darauf hingewiesen, daß in London im
Verlaufe eines Prozesses, welcher von dem Krankenhaus
St. Marie gegen eine in unmittelbarer Nähe befindliche Müll-
sortieranstalt angestrengt worden war, bewiesen wurde, daß
die Keime der organischen Müllbestandteile in die Räume des
Krankenhauses eingedrungen waren, wo sie einerseits Kehlkopf-
erkrankungen hervorgerufen und anderseits auf die Heilung
der Wunden von untergebrachten Verletzten einen schädlichen
Einfluß ausgeübt haben (s. Lit. 5).

In diesem Zusammenhang muß auch darauf hingewiesen
werden, daß es die gesundheitsgefährdenden Eigenschaften des
Mülls waren, welche gelegentlich der Hamburger Choleraepidemie im Jahre 1892 die Landbevölkerung veranlaßte, mit
Gewalt einer weiteren Stapelung des Mülls entgegenzutreten,
wodurch Hamburg genötigt war als erste Stadt auf dem
Kontinent die Müllverbrennung einzuführen.

Wenn auch nur in sehr wenigen Fällen nachgewiesen
werden konnte, daß Seuchen von Müll ausgegangen sind, so muß
trotzdem stets der Umstand berücksichtigt werden, daß Krankheitskeime in den Müll gelangen und sich darin lange lebensfähig erhalten können, daß somit also auch stets die Möglichkeit besteht, daß die Keime durch Haftenbleiben von Müllstaub an Händen und Kleidungsstücken von Menschen oder
durch Fliegen, Mücken und Nagetiere verschleppt werden
können.

Schlußwort zu Kapitel 3.

Zusammenfassend ist festzustellen, daß einerseits Krankheitskeime im Müll enthalten und anderseits, daß sich diese
darin sehr lange lebensfähig erhalten können.

Müll ist somit in hygienischer Beziehung, besonders zu Epidemiezeiten, eine gefährliche Materie, welcher im Interesse der öffentlichen Gesundheitspflege die größte Beachtung zukommt. Die Sammlung und Abfuhr sowie die Verwertung des Mülls muß somit unter weitgehender Berücksichtigung aller hygienischen Anforderungen, d. h. auf eine Art erfolgen, daß er unter keinen Umständen zu schädigen vermag.

Es sei an dieser Stelle ferner auch auf die Notwendigkeit hingewiesen, durch Schaffung eines gut organisierten städtischen Desinfektionsdienstes die Möglichkeit, daß pathogene Keime in den Müll gelangen, auf ein möglichst kleines Maß zu beschränken. Schließlich sollte stets der in Krankenhäusern anfallende Müll getrennt, in eigenen kleinen Müllverbrennungsöfen, auf dem radikalsten Wege der Verbrennung beseitigt werden.

Kapitel 4.

Sammlung und Abfuhr des Mülls.

Es sollen mit Hinblick auf den Zweck der vorliegenden Arbeit die verschiedenen Sammlungs- und Abfuhrsysteme nur insoferne in den Kreis der Betrachtungen gezogen werden als sie einen Einfluß auf die Müllverwertung besitzen.

Es sei zunächst darauf hingewiesen, daß die primitiven Sammlungs- und Abfuhrsysteme nicht nur aus hygienischen sondern auch aus wirtschaftlichen Gründen zu verwerfen sind. Sie scheiden daher aus den folgenden Betrachtungen aus, da sie nur noch historische Bedeutung besitzen.

Die unerläßlichen Anforderungen, welche an ein zeitgemäßes Müllsammlungs- und Abfuhrsystem gestellt werden müssen, können dahin zusammengefaßt werden, daß dieses einerseits einen wirtschaftlichen Betrieb gewährleisten und anderseits hygienisch einwandfrei arbeiten muß. Es kommen daher nur staubfreie Systeme in Frage, deren Wirtschaftlichkeit jedoch von den örtlichen Verhältnissen, wie Wohndichte, Bauweise, Löhne, Kosten für Betriebsstoffe usw. abhängig ist.

1. Sammlung des Mülls.

Es sind zwei grundsätzlich verschiedene Systeme zu unterscheiden. Bei dem einen wird der Müll innerhalb der

Haushaltungen in sogenannten Wohnungsstandgefäßen gesammelt, welche von den Bewohnern an bestimmten Tagen der Woche auf die Straße gestellt werden. Bei dem anderen werden sogenannte Hofstandgefäße benützt, in die der Müll aller Hausbewohner entleert wird und welche von dem Personal des Sammeldienstes aus den Höfen getragen werden.

Da nun die Wohnungsstandgefäße längere Zeit vor ihrer Entleerung auf die Straße gestellt werden müssen, so können sie eine erhebliche Belästigung des Verkehrs bilden, weshalb ihre Verwendung in Großstädten nicht empfehlenswert erscheint. Sie haben aber gegenüber den Hofstandgefäßen den großen Vorteil, daß ein Teil der Abfuhrarbeit von den Hausbewohnern geleistet wird, aus welchem Grunde sie kleineren Städten unter Umständen große wirtschaftliche Vorteile gewähren können.

In Verbindung mit den Hofstandgefäßen sind stellenweise auch Müll-Fallschächte, sog. Müllschlucker, angewendet worden, um die Möglichkeit zu haben, den Müll möglichst schnell aus den Wohnungen entfernen zu können. Diese Müllschlucker haben sich als unpraktisch und nicht zweckentsprechend erwiesen.

2. Müllabfuhr.

Man hat grundsätzlich zu unterscheiden zwischen:
a) Tonnenumleersystem,
b) Wechseltonnensystem,
c) Zwischenladesystem.

Bei dem Tonnenumleersystem werden die Mülltonnen unmittelbar in einen Sammelwagen ausgeleert, während bei dem Wechseltonnensystem die volle Mülltonne durch eine gereinigte leere Tonne umgetauscht wird. Das Zwischenladesystem bildet eine Vereinigung dieser beiden Systeme, indem die Arbeitsweise derart vor sich geht, daß die gesammelten Mülltonnen in mehreren gleichmäßig auf das Stadtgebiet verteilten Zwischenladestationen in Großraumwägen umgeleert werden.

Welches dieser drei Systeme den Vorzug verdient, hängt von den örtlichen Verhältnissen ab und kann daher nur auf Grund genauer Berechnungen festgestellt werden.

Das Tonnenumleersystem besitzt gegenüber dem Wechseltonnensystem den Nachteil, daß die Entleerung der Müllgefäße

auf der Straße erfolgt, wodurch man einerseits, mit Rücksicht
auf die von dem Bedienungspersonal zu leistende Arbeit, auf
eine geringe Ladehöhe der Abfuhrwägen und damit auf ein
verhältnismäßig kleines Ladegewicht beschränkt ist, anderseits
aber ein Waschen und Desinfizieren der Mülltonnen nicht vorgenommen werden kann. Der Vorteil des Tonnenumleersystems besteht dagegen darin, daß es im allgemeinen, und
zwar besonders dann, wenn es sich um größere Transport-·
längen handelt, wirtschaftlicher arbeitet als das Wechseltonnensystem. Dem Wechseltonnensystem haftet nämlich
neben seinen offensichtlich hygienischen Vorzügen der große
Nachteil an, daß die beförderte Nutzlast infolge eines durchschnittlichen Füllungsgrades der Mülltonnen von erfahrungsgemäß höchstens 80%, sowie der großen toten Last der Mülltonnen selbst, sehr gering ist, wobei noch zu beachten ist, daß
der Müll in den Gefäßen lockerer liegt als in den Abfuhrwägen. Dieser Umstand führt aber bei großen Transportstrecken zu einer schlechten Ausnützung der Abfuhrwägen und
dadurch zu einer Vergrößerung der Transportkosten. Außerdem erweist sich, im Falle der Müllstapelung, die Anlage eines
besonderen Kippgebäudes auf dem Stapelplatz als notwendig,
wodurch die an und für sich schon größeren Anschaffungskosten noch empfindlich erhöht werden.

Was den Einfluß des Wechseltonnensystems auf die An-
lage- sowie Betriebskosten einer Müllverwertungsanstalt anbelangt, so muß hervorgehoben werden, daß es außer einem
größeren Raumbedarf für die Wagenabfertigung auch eine
größere Anzahl von Bedienungsleuten erfordert.

Ich möchte noch ausdrücklich darauf hinweisen, daß neuerdings die Wirtschaftlichkeit des Tonnenumleersystems dadurch erhöht werden konnte, daß die Abfuhrwägen mit mecha·
nischen Aufnahme- und Verteilungsvorrichtungen für den
Müll (rotierende Schnecke) ausgestattet worden sind. Hierdurch ist es möglich geworden, auch bei normaler Ladehöhe
den Rauminhalt der Abfuhrwägen bedeutend zu erhöhen
(bis auf 12 m³), da die Aufnahme und gleichmäßige Verteilung
des Mülls innerhalb des Müllbehälters mechanisch erfolgt.
Für die wirtschaftlichen Vorzüge dieser Müllabfuhrwägen
spricht auch der Umstand, daß sie in mehreren deutschen

Großstädten, unter anderem in Hamburg, Stuttgart und Frankfurt a. M. eingeführt worden sind.

Das Zwischenladesystem vereinigt die eben besprochenen Vorteile des Umleer- und Wechseltonnensystems. Es kommt nur für Großstädte in Frage und besteht in der Errichtung mehrerer Zwischensammelstationen, wo das Umleeren der Wechseltonnen des betreffenden Abfuhrbezirkes in Großabfuhrwägen erfolgt. Die Zwischensammelstellen sollen eine möglichst zentrale Lage innerhalb des Abfuhrbezirkes einnehmen, wobei die Größe der einzelnen Abfuhrbezirke so zu wählen ist, daß die größten Transportstrecken höchstens 3 km betragen. Man erzielt dadurch wirtschaftliche Transportlängen für die Sammelwägen der Mülltonnen, d. h. eine bedeutende Vergrößerung der von einem Fahrzeug täglich bewältigten Nutzlast und damit eine Verminderung der Anzahl der erforderlichen Fahrzeuge. Anderseits ist man auch in bezug auf die Abmessungen der Groß-Abfuhrwägen, infolge der Möglichkeit Höhenunterschiede durch Rampen bzw. mechanische Fördervorrichtungen zu überwinden, nur noch durch verkehrspolizeiliche Vorschriften gebunden. Es kann also die auf einmal bewältigte Nutzlast erheblich gesteigert und dadurch auch die Anzahl der erforderlichen Groß-Abfuhrwägen vermindert werden.

Diese Tatsache ist aber in doppelter Hinsicht bedeutungsvoll. Sie hat nämlich einerseits eine Entlastung der zum Abladeplatz oder zur Müllverwertungsanstalt führenden Straße zur Folge und bewirkt anderseits, was besonders hervorgehoben werden soll, eine bedeutend geringere Bemessung der Empfangsanlagen der Müllverwertungsanstalt.

Es müssen außer den besprochenen und fast ausschließlich angewendeten, noch zwei abweichende Sammlungs- und Abfuhrsysteme erwähnt werden, welche sich zum Zwecke der Erleichterung einer getrennten Verwertung gewisser Müllbestandteile entwickelt haben. Es sind dies das

Drei- und Zweiteilungssystem.

Sie sehen eine Sortierung des Mülls innerhalb der einzelnen Haushaltungen vor.

Das Dreiteilungssystem, welches u. a. vorübergehend in Berlin-Charlottenburg angewendet worden ist, besteht in der getrennten Sammlung und Abfuhr von »Asche und Kehricht«, »Küchenabfällen« und »Sperrstoffen«, wofür in jedem Haushalt bzw. in jedem Hofe drei besondere Gefäße vorgesehen sind.

Das Zweiteilungssystem, welches besonders in Nordamerika verbreitet ist, sieht die getrennte Sammlung und Abfuhr der Küchenabfälle einerseits und des Restmülls anderseits vor. Es wurde während der Kriegsjahre durch die Bekanntmachung über die Verwertung von Speiseresten und Küchenabfällen vom 26. Juni 1916 (RGBl. 1916, S. 593, Nr. 5286) für alle Gemeinden Deutschlands mit einer Einwohnerzahl über 40000 Seelen vorgeschrieben.

Das Zwei- und Dreiteilungssystem erfordert hohe Anschaffungs- und Betriebskosten, welche nur mit Hinblick auf die unter besonderen Verhältnissen gewährten Vorteile der leichteren und besseren Verwertung des Mülls, wirtschaftlich gerechtfertigt sind. Ferner gestaltet sich die Einführung dieser Systeme schwierig, infolge des verhältnismäßig umständlichen Betriebes. Ihre Anwendungsmöglichkeit hängt stark von örtlichen Verhältnissen ab und kann nur auf Grund genauer, vergleichender Berechnungen ermittelt werden. Für europäische Müllverhältnisse kommt das Drei- oder Zweiteilungssystem aus wirtschaftlichen Gründen keinesfalls in Frage, von außergewöhnlichen Zuständen wie Kriegsfall abgesehen.

Es sei ergänzend noch darauf hingewiesen, daß die Müllabfuhr auf dem Wasserwege in Städten, die über günstige Wasseradern verfügen, wirtschaftliche Vorteile bieten kann und daher diese Art der Müllabfuhr im gegebenen Falle bei der Wirtschaftlichkeitsberechnung mit in den Kreis der Betrachtungen gezogen werden sollte. Ebenso kann in Fällen, wo der Ort der endgültigen Beseitigung viele Kilometer von der Stadt entfernt ist, der Mülltransport mit der Eisenbahn in Frage kommen.

Schlußwort zu Kapitel 4.

Zusammenfassend ist festzustellen, daß mit Rücksicht auf die gesundheitsgefährdenden Eigenschaften des Mülls dessen rasche Entfernung aus den Wohnungen und Siedlungen

erforderlich ist. Hierbei ist jenem System der Vorzug einzuräumen, welches allen hygienischen, wirtschaftlichen und ver-
kehrstechnischen Anforderungen gleichzeitig entspricht, was
mit den örtlichen Verhältnissen zusammenhängt und daher
in jedem einzelnen Fall auf Grund genauer Berechnungen festgestellt werden muß. Es ist unzulässig die Wahl des Systems
auf Grund eines einfachen Vergleiches der Müllabfuhrkosten
von gleichgroßen Städten mit verschiedenen Abfuhrsystemen
vorzunehmen, da es unter Umständen zutreffen kann, daß eine
Stadt trotz der erheblich größeren Abfuhrkosten über das wirtschaftlichere System verfügt.

Ferner ist aus den obigen Ausführungen zu erkennen,
daß ein Abfuhrsystem nicht allein auf die Art sondern auch
auf die Bemessung der Empfangsanlagen der Müllverwertungsanstalt einen großen Einfluß besitzt, weshalb es notwendig
erscheint, daß bei der Lösung der Abfuhrfrage auch die Müll-
verwertungsfrage endgültig geregelt wird.

Kapitel 5.
Müllbeseitigung und Müllverwertung.
Allgemeines.

Die eingesammelten und abgeführten Müllmengen müssen
auf igendeine Art unschädlich gemacht werden.

Man kann hierbei zwei grundsätzlich verschiedene Ziele
verfolgen indem man entweder lediglich eine Unschädlichmachung des Mülls ins Auge faßt oder eine Verwertung, sei es
der Einzelbestandteile oder der Gesamtheit des Mülls, anstrebt.
Man hat also zwischen einer einfachen Müllbeseitigung und einer
Müllverwertung zu unterscheiden.

Das ursprünglich ausschließlich angewendete System
ist das der einfachen Müllbeseitigung.

Der kulturelle Fortschritt der Menschheit brachte es mit
sich, daß nicht allein an die Sammlung und Abfuhr des Mülls
sondern auch an die Art seiner endgültigen Beseitigung immer
größere hygienische Anforderungen gestellt wurden. Hierdurch kamen zu den bedeutenden Sammel- und Abfuhrkosten auch noch die Kosten für die Unschädlichmachung des
Mülls hinzu, welche um so größer ausfielen, je höher die stetig

wachsenden Anforderungen der Hygiene waren. Das sprung-
hafte Anwachsen der Städte und die damit verbundene erhebliche Steigerung des Müllanfalles führte zu einer Erhöhung der
gesamten Müllbeseitigungskosten bis ins Unerschwingliche.
So kam es, daß man nunmehr die wirtschaftliche Bedeutung
einer Verwertung des Mülls zu erkennen begann. Auf Grund
dieser Erkenntnis setzten alsbald ernste Bestrebungen ein Möglichkeiten zu finden, um die im Müll enthaltenen Werte durch
besondere Behandlungsarten der Volkswirtschaft wieder zuzuführen.

Zusammenfassend kann also gesagt werden, daß die Notwendigkeit hygienischen Interessen gerecht zu werden eine
Verwertung des Mülls nahelegte, und zwar einerseits infolge der
damit verbundenen Erhöhung der Müllbeseitigungskosten,
andererseits aber infolge der durch das System geschaffenen
technischen Voraussetzungen. So wurde, um dies an einem
Beispiel zu erläutern, der Heizwert des Mülls und damit auch
die große hygienische Bedeutung der Müllverbrennung erkannt. Es entstanden bald eine Reihe von Müllverbrennungsanstalten, welche zunächst lediglich eine radikale Unschädlichmachung des Mülls zur Aufgabe hatten. Die hohen Betriebskosten dieser Anlagen legten jedoch den Gedanken nahe,
die hohe Temperatur der Verbrennungsgase bei verhältnismäßig geringer Erhöhung der Anlagekosten in einer angegliederten Kesselanlage auszunützen. So schuf man aus den
reinen Müllverbrennungsanstalten dampferzeugende Betriebe,
womit der Übergang von der reinen Müllbeseitigung zur Müllverwertung vollzogen war.

Im Laufe der weiteren Entwicklung der Müllverwertung
— dies gilt besonders von der Nachkriegsperiode — traten
immer mehr die wirtschaftlichen Interessen in den Vordergrund
und man strebte danach, wie dies die ständig zunehmende Zahl
der modernen Müllverwertungsanstalten bestätigt, Anlagen zu
schaffen, welche bei einer hygienisch einwandfreien Beseitigung des Mülls eine möglichst rationelle Ausnützung der in ihm
enthaltenen Werte gestatten.

Der Weg zur Müllverwertung führt also von der Berücksichtigung der Anforderungen, welche die Hygiene an die
Müllbeseitigung stellt, zur weitgehenden Rücksichtnahme auf

wirtschaftliche Interessen. — Es sollen daher in den folgenden Absätzen die verschiedenen Verfahren von diesen beiden Gesichtspunkten aus beurteilt und gewürdigt werden.

Kapitel 6.

Müllbeseitigung.

Es sind zwei Müllbeseitigungssysteme anzuführen, denen eine gewisse Bedeutung infolge ihrer mehr oder weniger zahlreichen Anwendung zukommt.
1. Entleerung des Mülls ins Meer,
2. Müllstapelung.

1. Entleerung des Mülls ins Meer.

Für Küstenstädte war es naheliegend, sich des Mülls durch Entleerung ins Meer zu entledigen.

Der Müll wird in Kähne besonderer Bauart verladen, um mittels Schleppdampfer mehrere Kilometer von der Küste entfernt ins Meer hinausgefahren und dort entleert zu werden.

Mehrere englische, amerikanische und französische Küstenstädte, wie Liverpool, New York, Marseille, Nizza u. a. haben viele Jahre hindurch dieses Müllbeseitigungssystem angewandt, um jedoch später infolge seiner hygienischen und wirtschaftlichen Nachteile wieder davon abzurücken.

Unter den vielen Nachteilen, die dieses Müllbeseitigungssystem aufzuweisen hat, ist besonders hervorzuheben, daß man an der Durchführung eines Dauerbetriebes durch die Witterungsverhältnisse vielfach gehindert ist. Es wird nicht zu vermeiden sein, daß bei Sturm oder in nördlichen Städten infolge der Eisblockade der Betrieb oft für längere Zeit stillgelegt und der Müll im Hafen aufgestapelt werden muß, was natürlich vom hygienischen Standpunkte aus unzulässig ist. Ferner ist eine öfter beobachtete Verunreinigung der Häfen und Küstenanlagen durch angeschwemmten Müll zu befürchten. So wurden beispielsweise in Nizza, trotzdem die Entleerung der Müllkähne in einer Entfernung von der Küste von mindestens 8 km erfolgte, öfters vom Müll herrührende Schwimmstoffe gegen die Promenade des Anglais angeschwemmt, so daß sich die Stadtverwaltung schließlich genötigt sah dieses Müllbeseitigungssystem zugunsten der Müllverbrennung aufzugeben.

Ein großer Nachteil dieses Systems ist auch darin zu erblicken, daß sowohl die Anschaffungskosten — einerseits für die Abfuhrkähne und Schlepper, anderseits für die erforderlichen Hafenanlagen — als auch die Betriebskosten, denen keinerlei Einkünfte gegenüberstehen, sehr groß sind.

Das System der Entleerung des Mülls ins Meer ist also sowohl aus hygienischen als auch aus wirtschaftlichen Gründen immer abzulehnen.

2. Müllstapelung.

Eine ungleich größere Beachtung als die Entleerung des Mülls ins Meer verdient die Müllstapelung. Sie stellt nämlich eine Art Müllverwertung dar, insofern als sie vielfach zu Meliorationszwecken dient, und hat daher unter besonderen Umständen eine wirtschaftliche Berechtigung.

· Die Müllstapelung ist das älteste Müllbeseitigungssystem und besteht in der Ablagerung des Mülls auf einem hierzu bestimmten Gelände, welches als Schüttgelände oder Stapelplatz bezeichnet wird. Sie nimmt dort, wo es sich darum handelt Kiesgruben auszufüllen, unebenes Gelände zu nivellieren oder sandigen unfruchtbaren Boden sowie Sumpfgebiet mit der Zeit der landwirtschaftlichen Bebauung zugänglich zu machen, den Charakter einer Müllverwertung an und kann bei günstigen örtlichen Verhältnissen wesentliche wirtschaftliche Vorteile gewähren.

Die Durchführung einer den Anforderungen der modernen Hygiene entsprechenden Müllstapelung ist jedoch nicht so einfach als es auf den ersten Blick der Fall zu sein scheint. Die Müllstapelung bringt eine Reihe von Mißständen mit sich, deren Beachtung und Bekämpfung unerläßlich sind, wenn eine erhebliche Schädigung der Nachbarschaft eines solchen Müllstapelplatzes vermieden werden soll. Müll ist eine fäulnis- und zersetzungsfähige Materie und kann sich daher durch Geruchbelästigungen und Ungeziefer — wie Fliegen, Mücken und Ratten, für welche die Müllablagerungsplätze besonders günstige Brutstätten bilden — nachweislich bis auf Entfernungen von 800 m[1]) noch sehr unangenehm bemerkbar machen.

---

[1]) In einem von der Gemeinde Fürstenwalde gegen die Stadt Berlin angestrengten Prozeß wurde gerichtlich festgestellt, daß

Die durch den Zersetzungsprozeß hervorgerufene Temperatur-
erhöhung bringt anderseits, bei dem verhältnismäßig hohen
Gehalt des Mülls an Papier, Pappe und anderen leicht entzünd-
baren Bestandteilen, die Selbstentzündungsgefahr von Müllstapelplätzen mit sich. Schließlich ist noch auf die Gefahr einer
Grundwasserverunreinigung hinzuweisen.

Die Geruchbelästigung und Ungezieferplage, sowie die
Selbstentzündungsgefahr von Müllstapelplätzen, kann erfolgreich auf dem Wege einer systematischen Stapelung dadurch
bekämpft werden, daß der Müll in aufeinanderfolgenden
Schichten von höchstens 2 m Stärke angeschüttet wird, welche
jedesmal mit einer 20 cm starken Schicht von Erde oder Schlacke
überdeckt werden. Diese Isolierschicht muß mit Rücksicht auf
den fortschreitenden Zersetzungsprozeß der organischen Müllbestandteile innerhalb drei Tagen auf die neue Müllschicht auf-
getragen werden.

Die Bekämpfung der erwähnten Mißstände von Müllstapelplätzen kann auch mit chemischen Mitteln erfolgen. Es
sei erwähnt, daß zur Bekämpfung der Fliegenplage Kalk-
milch mit Erfolg angewendet wird, und zwar in einer Menge von
½ kg CaO gelöscht in 5 bis 10 l H_2O je 1 m³ Müll. Gegen
die Geruchsbelästigung, sowie zur Bekämpfung der Selbst-
anzündungsgefahr, ist die Behandlung des Mülls mit Chlorgas
als wirkungsvoll bekannt.

Der bedeutungsvollen Gefahr einer Verunreinigung der
Grundwasserströme kann durch Isolierung der Müllstapel-
plätze nach unten entgegengetreten werden. Dies geschieht
am zweckmäßigsten durch Anordnung einer als Filter wir-
kenden, genügend mächtigen Sandschicht.

Diese im hygienischen Interesse nötigen technischen Maßnahmen belasten den Betrieb eines Müllstapelplatzes mit
bedeutenden Ausgaben. Anderseits haben unter anderem die
Untersuchungen des Hygienikers Fischer in Kiel ergeben, daß
der Zersetzungsprozeß der organischen Müllbestandteile mehrere
Jahre hindurch andauern kann, was ihn zu der wichtigen
Erkenntnis führte, daß ein als Müllstapelplatz benutztes Gelände erst 30 Jahre nach Einstellung des Betriebes der Be-

Müllablagerplätze bis auf 800 m Entfernung noch als große Belästigung betrachtet werden müssen,

bauung wieder zugänglich ist. Es muß daher ein Müllstapelplatz außerhalb jener Zone verlegt werden, welche für die
Spanne Zeit von mindestens 30 Jahren für die Bebauung in
Aussicht genommen ist. Hierdurch werden aber die Müllabfuhrkosten erheblich erhöht, was für die Wirtschaftlichkeit
der Müllstapelung bedenklich sein kann.

Der Umstand, daß nicht jedes beliebige Grundstück zur
Müllstapelung benützt werden kann, vermindert auch die
Wahrscheinlichkeit, daß ein im städtischen Besitz befindliches
Gelände für diesen Zweck zur Verfügung steht. Man ist somit
meistens auf Grunderwerb angewiesen, wodurch allein schon
die Wirtschaftlichkeit der Müllstapelung gegenüber anderen
Beseitigungssystemen in Frage gestellt werden kann. Die
hohen Grunderwerbskosten zwangen beispielsweise die Stadtverwaltung Frankfurt a. M. nach der im Jahre 1920 erfolgten
Stillegung der veralteten Müllverbrennungsanstalt von einer
beabsichtigten Müllstapelung abzusehen und die Errichtung
einer neuzeitlichen Müllverbrennungsanlage ernstlich zu er-
wägen. Letzten Endes gelangte man angesichts der schlechten
wirtschaftlichen Verhältnisse zu einer vorläufigen Lösung der
Müllfrage, indem man unter Nachahmung des Beispieles der
Stadt Leipzig beschloß, im Stadtwald einen Müllberg (Scherbel-
berg, wie er in Leipzig genannt wird) aufzuschütten.

Von großem Einfluß auf die Wirtschaftlichkeit der Müllstapelung ist auch der erhebliche Kostenaufwand für die Anschaffung und Unterhaltung der Entladeanlagen (d. s. Ent-
laderampen bzw. ein Kipphaus im Falle des Wechseltonnen-
abfuhrsystems) und der Verteilungseinrichtungen (d. s. Schie-
nenmaterial, Muldenkipper, Transportbänder, Zuglokomotiven
u. dgl.)

Daß unter besonderen Umständen die Müllstapelung
sogar für Großstädte trotz einem weiten Eisenbahntransport
des Mülls von 30 bis 40 km dennoch wirtschaftlich gerechtfertigt sein kann, zeigt unter anderem das Beispiel von Berlin
und Stuttgart.

Berlin verfügt in seiner Umgebung über ausgedehnte
Ödländereien in Entfernungen von durchschnittlich 40 km
von den Müllverladestellen, für deren Meliorierung der Müll
erfahrungsgemäß gut geeignet ist. Außerdem wurde durch

zahlreiche Verbrennungsversuche festgestellt, daß der Berliner Müll infolge seines großen Braunkohlenaschengehaltes einen

Abb. 1. Müllstapelung in Stuttgart. Entladung des Mülls in Eisenbahnwägen.

Abb. 2. Müllstapelung in Stuttgart. Entleerung der Eisenbahnwägen auf dem Stapelplatz.

außerordentlich geringen Heizwert besitzt, somit die Möglichkeit einer wirtschaftlichen Müllverbrennung als einziges etwa in Frage kommendes Verwertungsverfahren nicht gegeben ist.

Der Stadt Stuttgart steht ebenfalls in Neustadt-Wai-
bingen, entfernt von menschlichen Behausungen, ein sehr
günstig gelegenes Schüttgelände zur Verfügung, so daß vor-

Abb. 3. Müllstapelung in Stuttgart. Aufschüttung des Mülls.

Abb. 4. Müllstapelung in Stuttgart. Gesamtansicht des Stapelplatzes.

läufig bis zu dessen Aufschüttung kein Anlaß seitens der Stadtverwaltung zur Änderung des bisherigen Müllbeseitigungssystems vorliegt. Dies um so mehr, als der Stuttgarter Müll
gleichfalls einen geringen Heizwert besitzt. Eine Vorstellung

von dem Stuttgarter Müllbeseitigungsverfahren und damit von einem zeitgemäßen Müllstapelungsbetrieb, sollen die Abb. 1 bis 4 geben, von welchen Abb. 1 die Entladung des Mülls in Eisenbahnwägen, Abb. 2 die Entleerung der Eisenbahnwägen auf dem Stapelplatz mittels Becherwerk, Abb. 3 die Aufschüttung des Mülls mittels beliebig bewegbarer Transportbänder und Abb. 4 eine Gesamtansicht des Müllstapelplatzes darstellt.

Schlußwort zu Kapitel 6/2.

Auf Grund der obigen Ausführungen ist zusammenfassend festzustellen, daß in hygienischer Hinsicht gegen die Müllstapelung bei strenger Durchführung eines systematischen Stapelungsbetriebes unter Beachtung der angeführten Sicherheitsmaßnahmen nichts einzuwenden ist.

Dagegen kann die Wirtschaftlichkeit der Müllstapelung in Frage gestellt werden durch:

a) Kosten für die Durchführung eines hygienisch einwandfreien Betriebes,

b) Steigerung der Müllabfuhrkosten infolge der Notwendigkeit den Stapelplatz auf große Entfernungen vom Stadtzentrum zu verlegen,

c) Grunderwerbskosten,

d) Anschaffungs- und Unterhaltungskosten der Entlade- und Verteilungsanlagen.

Es geht hieraus hervor, daß die Wirtschaftlichkeit der Müllstapelung stark von örtlichen Verhältnissen abhängig ist und daher nur auf Grund genauer Berechnungen von Fall zu Fall und zwar unter Beachtung der angeführten maßgebenden Gesichtspunkte festgestellt werden kann.

Kapitel 7.
Landwirtschaftliche Verwertung des Mülls.

Wie aus der auf Seite 9 angeführten chemischen Analyse hervorgeht, enthält der Müll eine Anzahl von Stoffen, welche einen gewissen Pflanzennährstoffwert besitzen. Es sind dies Stickstoff, Phosphorsäure, Kali und Kalk. Wenn auch der Gehalt dieser Stoffe im Müll, wie schon erwähnt, erheblichen

Schwankungen unterworfen ist, so wird dennoch ein bestimmter
Mindestgehalt jedesmal vorhanden sein, welcher den Müll für
die landwirtschaftliche Verwertung als geeignet erscheinen
läßt.

Der landwirtschaftliche Wert des Mülls hängt nun zunächst außer von der absoluten Menge dieser Stoffe, in hohem
Maße von dem chemischen und mechanischen Zustand ab, in
welchem sich diese befinden. Untersuchungen von Vogel
(s. Lit. 29) u. a. haben ergeben, daß sich die im Müll vorhande-
nen Pflanzennährstoffe in einer schwer löslichen Form vorfinden und zum Zwecke einer besseren Ausnützung eine entsprechende Vorbehandlung erfordern.

Der Stickstoff kommt fast ausschließlich in organischer
Form vor und wird erst bei der Lagerung durch den ständig
fortschreitenden Zersetzungsprozeß in lösliche Form, Ammo-
niak und Salpetersäure, übergeführt. Die Phosphorsäure
ist meistenteils in Form von schwer löslichem dreibasischem
phosphorsaurem Kalk sowie in organischer Form in Pflanzenresten vorzufinden. Das Kali ist zum größten Teil als lösliches
kohlensaures Kali sowie in organischer Form in Pflanzenresten
vertreten und nur zum geringen Teil in Form des weniger
wirksamen kieselsauren Kali anzutreffen. Der Kalk findet sich
in Form von phosphorsaurem, kieselsaurem und Ätzkalk vor.

Die Eignung des Mülls zu Meliorationszwecken, worauf
bereits auf Seite 21 hingewiesen wurde, ist auf seinen Gehalt an
organischen Stoffen zurückzuführen. Diese werden auf dem
Wege der Zersetzung in Humus umgewandelt, wobei Kohlensäure frei wird, welche gemeinsam mit der Bodenfeuchtigkeit
die Umwandlung der schwer löslichen Müllbestandteile in eine
als Pflanzennahrung günstige Form bewirkt.

1. Kompostierung des Mülls.

Die ursprüngliche und primitivste Form der landwirtschaftlichen Verwertung des Mülls bestand in dessen unmittelbarer Ausbreitung auf die zu düngenden Felder. Erst
als der Müll durch Einführung der Schwemmkanalisation an
Pflanzennährstoffgehalt viel einbüßte, ging man stellenweise zu
dessen Kompostierung über. Man versteht darunter eine

längere Lagerung des Mülls vor seiner Verwendung als Dünger in Haufen von etwa 2,5 m Höhe und etwa 15 m im Geviert, wobei eine Zersetzung (Gärung) des Mülls erfolgt, welche mit einer Vermehrung der Pflanzennährstoffe, also einer Vergrößerung seines Dungwertes, verknüpft ist. Die Kompostierung dauert im allgemeinen ein Jahr und kann durch das zeitweise Übergießen der gährenden Materie mit Jauche und gleichzeitigem Umarbeiten mit Mistgabeln oder durch Überdecken mit geeigneten Substanzen (Erde) wesentlich gefördert werden.

Das Maß der Anreicherung der Pflanzennährstoffe von solchem im Freien gegorenen Müll schwankt natürlich mit der Müllbeschaffenheit und seiner Behandlungsweise. Einen Begriff hiervon geben die folgenden Zahlenwerte:

		Stickstoff	Phosphorsäure	Kali
		%	%	%
Müntz und Girard	frisch	0,57	0,20	0,17
(Pariser Müll)	gelagert	0,67	0,30	0,20
Bern	frisch	0,42	0,41	0,38
	gelagert	0,87	0,34	0,42

Zusammenfassend kann gesagt werden, daß die Kompostierung trotz der an manchen Orten, besonders in Lille, mit kompostiertem Müll erzielten guten Düngungsergebnissen, einerseits aus hygienischen und anderseits aus wirtschaftlichen Gründen entgegenzutreten ist. Sie stellt eine vorübergehende Müllstapelung dar, welcher die in Kapitel 6/2 erwähnten hygienischen Mängel anhaften. Ferner erfordern die zur Kompostierung nötigen Grundflächen erhebliche Grunderwerbskosten, wobei auch auf die Steigerung der Müllabfuhrkosten hinzuweisen ist, welche durch die Notwendigkeit bewirkt wird, die für die Bildung der Komposthaufen erforderlichen Plätze in große Entfernung von der Stadt zu verlegen. Endlich muß auch eine hinreichende und finanziell günstige Absatzmöglichkeit des Kompostdüngers vorhanden sein.

Die Kompostierung des Mülls könnte somit höchstens für kleine Städte als Müllverwertungsverfahren in Frage kommen und auch für diese nur dann, wenn bessere Düngemittel schwer beschafft werden können. Aus hygienischen Gründen ist die Kompostierung des Mülls unbedingt abzulehnen.

2. Pulverisierung des Mülls.

Der ständig anwachsende Gehalt des Mülls an Sperrstoffen erwies es als notwendig, diesen in eine handlichere
Form überzuführen, wenn er für die landwirtschaftliche Verwertung brauchbar sein sollte. Von diesem Gedanken ausgehend, wurden in Paris im Jahre 1896 zunächst in Saint-
Ouen und später auch in Romainville und Issy-les-Moulineaux
durch die beiden Aktiengesellschaften »Société des Engrais
Complets« und »Société des Engrais Organiques« Mülldüngerfabriken gegründet.

Die Arbeitsweise dieser Anlagen bestand in einer Auslese
(Sortierung) der Sperrstoffe, welche getrennt verwertet wurden, während der Restmüll in besonderen Maschinen pulverisiert und daran anschließend gesiebt wurde. Der so erzielte
Siebdurchfall bildete ein handliches, leicht transportierbares
Pulver (poudro genannt) mit einem spezifischen Gewicht von
1100 bis 1200 kg je 1 m³ und einem Pflanzennährstoffgehalt
von

Stickstoff	0,7 bis	1,0%
Phosphorsäure . . .	0,6 »	0,8%
Kali	0,6 »	0,8%

Der Siebrückstand, bestehend aus Papier, Stroh und anderen unzermahlenen Stoffen, betrug bis zu 50% der pulveri-
sierten Müllmenge und war sehr schwer loszubringen. Der
erzeugte Mülldünger konnte nur um etwa $^{1}/_{10}$ seines theore-
tischen Dungwertes abgesetzt werden.

Diese Tatsache ist darum besonders bedeutungsvoll, weil
sie ein Beweis dafür ist, daß die chemische Analyse für die
Bestimmung des Dungwertes des Mülls allein nicht ausschlaggebend ist.

Trotz den jährlichen großen Zuschüssen, welche
diese Mülldüngerfabriken von der Stadt Paris erhielten, sahen
sie sich genötigt, infolge des großen Fehlbetrages, im Jahre
1909 den Betrieb einzustellen.

Das gleiche Schicksal hatten auch die nach dem Muster
der besprochenen Pariser Anlagen in Boulogne-sur-Mer
und Toulon gebauten Anlagen, womit das finanzielle Ver-
sagen dieser Art der landwirtschaftlichen Müllverwertung
bewiesen worden ist.

Ohne sich durch die Mißerfolge in Frankreich abschrecken zu lassen, wurde im Jahre 1911 in Molenbeek-St.-Jean bei Brüssel eine Mülldüngerfabrik gegründet, welche auch gegenwärtig noch in Betrieb ist und daher ebenfalls angeführt werden soll.

Der Müll wird durch mechanische Siebe in Feinmüll (< 15 mm) und Grobmüll (über 15 mm) geteilt und je einem langsam laufenden Transportband aufgegeben, auf welchem von Hand das Ausklauben aller einerseits gewerblich verwertbaren und anderseits für die Düngung schädlichen Gegenstände erfolgt. Der Grobmüll wird nach der Sortierung mechanisch einem Verbrennungsofen zugeführt, während der von Sperrstücken befreite Feinmüll in besonderen Maschinen durch die Zentrifugalkraft rasch rotierender Hämmer pulverisiert wird. Der pulverisierte Feinmüll passiert hierauf einen Elektromagneten, welcher die Ausscheidung der restlichen Eisenteile, wie Nägel, Drahtstücke u. dgl. besorgt, um dann in Bunker transportiert zu werden, aus welchen die Verladung in Eisenbahnwägen erfolgt.

Die chemische Zusammensetzung des so erzeugten Mülldüngers (poudro) schwankt naturgemäß mit der Jahreszeit und wurde durch eine Analyse vom 7. 5. 1921 wie folgt ermittelt:

Stickstoff 0,88%
Phosphorsäure 0,81%
Kali 0,48%

Die Anlage, welche 5 Beamte und 39 Arbeiter beschäftigt, verarbeitete im Jahre 1927 23000 t Müll, bei einer Produktion von 16000 t Mülldünger. Der erforderliche Zuschuß hat hierbei 380000 frs. betragen, entsprechend einem Zuschuß von 16,5 frs. oder 2,0 RM. je 1 t Müll.

Die Mülldüngererzeugung durch Pulverisierung muß auf Grund der zahlreichen Mißerfolge in finanzieller Hinsicht als gescheitert angesehen werden. Wenn man ferner bedenkt, daß die Düngererzeugung ununterbrochen, der Absatz dagegen nur zu gewissen Zeiten des Jahres erfolgt, so ergibt sich die Notwendigkeit den erzeugten Mülldünger zeitweise zu lagern. Soll nun diese Lagerung hygienisch einwandfrei erfolgen, so sind verschiedene kostspielige Maßnahmen erforderlich, welche dieses Müllverwertungsverfahren noch unwirtschaftlicher gestalten. Schließlich muß auch auf die hygienischen Mängel der notwendigen Vorsortierung hingewiesen werden.

3. Mülldüngererzeugung nach dem Beccari-Verfahren.[1])

Dieses neue Verfahren der landwirtschaftlichen Müllverwertung hat von Italien (Florenz) ausgehend auch in Südfrankreich Eingang gefunden. Die in Florenz angeblich erzielten günstigen finanziellen Ergebnisse führten auch in den Vereinigten Staaten von Nordamerika und zwar in Paterson, New Jersey und Scardsale (New York) und neuerdings auch in Deutschland in Frankfurt a. M. zu Versuchsanlagen.

Es beruht auf der Vergärung des Mülls in geschlossenen Kammern nach vorausgehender Aussonderung der Sperrstücke.

Die Gärkammern (Abb. 5) haben eine Höhe von 2,5 m und einen Inhalt von 20 m³. Der untere Abschluß (Boden) der Gärkammer (1) wird von einer durchlöcherten Platte gebildet, unter welcher ein etwa 25 cm hoher Drain angeordnet ist, welcher einerseits die aus der Müllmasse ausgeschiedenen Abflüsse einer Grube (11) zuleitet, anderseits aber zur Belüftung der Gärkammern dient. Die Luftzufuhr erfolgt außer durch die Bodenplatte auch durch die Wandungen der Gärkammern, welche mit entsprechenden Kanälen (6) für die Luftzirkulation ausgestattet sind. Die Gärkammerdecke (2) besitzt eine Öffnung (9), welche die Beschickung bis oben ermöglicht. Die Entleerung erfolgt durch eine große Öffnung (3) in der vorderen Seitenwand. Seitlich über zwei Gärkammern befindet sich ein kleiner Turm (7) aus Zementbeton, durch den der Abzug der während des Gärprozesses entstehenden Gase erfolgt. In diesem Turm sind einige gegeneinander versetzte Stufen (8) aus gebranntem Ton angebracht, welche mit einer 3 bis 4 cm starken Schicht eines Gemisches von Tonerde und Eisensulfat überdeckt werden, um die entweichenden Ammoniakprodukte zurückzuhalten und zu binden. Die

---

[1]) Angewendet in Florenz, Neapel, Bologna, Carrara und Novara.

für die Beschickung und Entleerung der Gärkammern vorgesehenen Öffnungen sind mit dichten Verschlüssen versehen.

Der Betrieb einer Beccari-Anlage geht so vor sich, daß
der angefahrene Müll zunächst sortiert wird, wobei sämtliche
unbrauchbaren Gegenstände wie Eisen, Glas, Leder, Lumpen

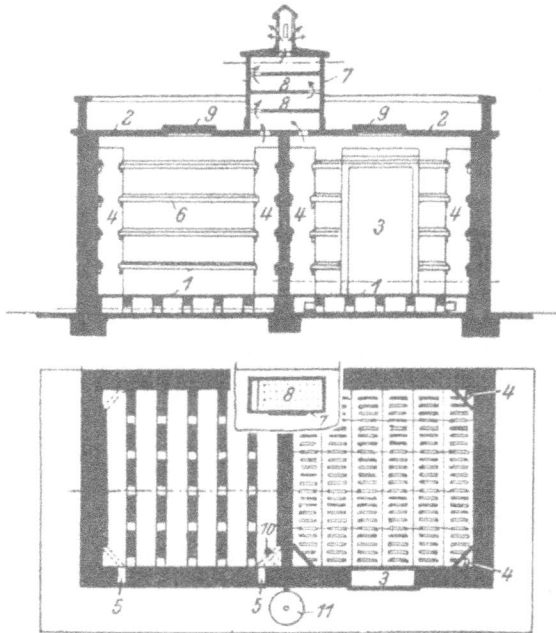

Abb. 5. Beccari-Gärkammern.
1 Kammerboden, *2* Kammerdecke, *3* Entleerungsöffnung.
4 Belüftungsschacht, *5* Luftzufuhr, *6* Luftkanal, *7* Abzug
der Gärgase, *8* Stufen, *9* Beschicköffnung, *10* Abfluß
der Jauche, *11* Sammelgrube. ------- Schnitte.

usw. ausgesondert und getrennt auf Grund ihres Altmaterialienwertes verwertet werden. Der so gereinigte Müll, der etwa
50% des Gesamtmülls ausmacht, wird hierauf in die Gärkammern gefüllt und mit der aus dem feuchten Müll abfließenden
und in der Grube (*11*) gesammelten Jauche mittels einer Saug-
und Druckpumpe einmal übergossen.

Der nunmehr alsbald einsetzende Gärprozeß ist mit einer
erheblichen Temperatursteigerung verbunden. Diese beträgt

bereits am 4. Tage 40⁰ C und steigt innerhalb 20 bis 25 Tagen auf 70⁰ C bis 75⁰ C, um dann allmählich entsprechend der Außentemperatur wiederum abzufallen.

Der Gärprozeß ist innerhalb 35 bis 40 Tagen beendet, wobei der Gärkammerinhalt um etwa 30 Volumprozente vermindert wird. Gelegentlich der Entleerung der Gärkammern werden dem erhaltenen Gärrückstand auch die in den Türmchen zur Festhaltung der entweichenden Ammoniakprodukte verwendeten Substanzen zugesetzt.

Durch die hohe Temperatur, welche etwa 10 Tage lang 70 bis 75⁰ beträgt, werden alle Bakterien unschädlich gemacht.

Man erhält als Endprodukt, wie dies durch Untersuchungen von Prof. Gasperini[1]) in Florenz nachgewiesen worden ist, eine bakteriologisch einwandfreie, schwarze, homogene Masse, welche keinen Schimmel aufweist und vollkommen geruchlos ist.

Dieser Gärungsrückstand (Beccaridünger) kann entweder so wie er aus den Gärkammern gewonnen wird verkauft, oder er kann, was zweckmäßiger ist, vorerst in drei Größen gesiebt werden. Der Beccaridünger kann ohne hygienische Bedenken gelagert werden, wobei er jedoch den Witterungseinflüssen entzogen werden soll.

Der Gehalt des Beccaridüngers an Pflanzennährstoffen schwankt natürlich mit der Beschaffenheit des Mülls.

Für Florenzer Müll wurde seine Zusammensetzung durch zuverlässige Analysen im Florenzer Stadtlaboratorium wie folgt ermittelt:

Stickstoff 0,97%
Phosphorsäure . . 0,61%
Kali 0,67%

Im Vergleich mit der auf Seite 28 angeführten Analyse des in freier Luft vergorenen Mülls besitzt der in Beccarizellen erzeugte Mülldünger einen erheblich größeren Pflanzennährstoffgehalt.

Als wesentlicher Vorteil des Beccari-Müllverwertungsverfahrens ist anzuführen, daß es einen an Pflanzennähr-

---

[1]) Prof. Gasperini: Bericht vom 11. Mai 1922 in der Akademie Georfili in Florenz.

stoffen verhältnismäßig reichen und vor allem hygienisch einwandfreien Mülldünger liefert.

Als Nachteil des Verfahrens ist die Notwendigkeit einer Vorsortierung des Mülls anzuführen, welche einerseits einen getrennt zu verwertenden Rückstand von meist über 50% ergibt, anderseits unhygineisch ist, soferne sie nicht mechanisch vorgenommen werden kann. Ferner müßte zu Epidemiezeiten der Müll unmittelbar in die Gärkammern gefüllt und erst nach Beendigung des Gärprozesses sortiert werden. Dieser Umstand hat jedoch eine wesentliche Verlängerung des Gärprozesses zu bedeuten und erfordert ebenso auch eine Verarbeitung der doppelten Müllmenge, was zu einer Verminderung der Ausbeute führt. Schließlich ist der Platzbedarf für eine Beccarianlage sehr groß, was mit hohen Grunderwerbskosten verknüpft ist und die Anwendungsmöglichkeit des Verfahrens für große Städte fraglich macht.

Es muß ferner darauf aufmerksam gemacht werden, daß nicht jeder beliebige Müll für das Beccariverfahren geeignet ist. So wurde neuerdings durch Versuche, die in Frankfurt a. M. im Jahre 1929 und 1930 angestellt wurden, bewiesen, daß der an Braunkohlenasche reiche deutsche Müll für die Gärung in Beccarizellen nicht geeignet ist. Es kann hierzu vielmehr nur der Müll jener Städte mit gutem und sicherem Erfolg verwendet werden, wo man wenig und nur mit Holz heizt. Das Beccariverfahren hat also eine beschränkte Anwendungsmöglichkeit.

Es ist interessant, in diesem Zusammenhang kurz über den Verlauf der Frankfurter Beccariversuche zu berichten.

Diese wurden zunächst mit Hausmüll ausgeführt, wobei jedoch eine vollkommene Gärung des Gärkammerinhaltes in dem oben angeführten Zeitabschnitt nicht erzielt werden konnte.

Auf Beccaris Vorschlag wurden im März und April 1930 neue Versuche ausgeführt, wobei die Gärkammern mit einem Gemisch von 50% Hausmüll, 25% Straßenmüll und 25% Markthallenabfällen gefüllt wurden. Diesem Gemisch ist ferner auch Eisenvitriol zugesetzt worden, welches nach neuesten Erfahrungen in Italien auf den Gärprozeß beschleu-

nigend einwirken soll. Bei diesen Versuchen konnte auch tatsächlich 35,5% geruchloser Edelkompost erhalten werden.

Es sei jedoch ausdrücklich darauf hingewiesen, daß einerseits Haus- und Straßenmüll sowie Markthallenabfälle bei
weitem nicht in dem oben angegebenen Verhältnis anfallen,
somit die Versuchsergebnisse keine praktische Bedeutung
besitzen und daß anderseits der erzielbare Verkaufspreis des
Düngers lediglich zur Deckung der Eisenvitriolkosten aus-
reichte.

4. Feinmüll und Mengedünger.

Die Bayerische Landesanstalt für Pflanzenbau und
Pflanzenschutz hat im Jahre 1922 umfangreiche Düngeversuche mit Münchner Feinmüll sowie mit einem Feinmüll-
Klärschlammgemisch im Verhältnis 1 : 1 (Mengedünger) angestellt, durch deren gute Ergebnisse alle Annahmen über die
schlechte Eignung des Feinmülls zu Dungzwecken als irrtümlich
erwiesen wurde.

Die Versuche wurden auf einem stark kiesigen Erdreich,
mit fehlender oder nur geringer Humusdecke ausgeführt, wobei
folgende Werte für den Pflanzennährstoffgehalt der verwendeten Dungstoffe ermittelt wurden (s. Lit. 44):

	Feinmüll	Mengedünger
Stickstoff	0,30 %	0,470 %
Phosphorsäure	0,38 %	0,290 %
Kali	0,22 %	0,144 %
Kalk	25,21 %	

Angebaut wurden Futterrüben (Runkelrüben) und Som-
mergerste. Der zwecks Vergleich verwendete Kunstdünger war
eine Mischung von Amonsulfatsalpeter, Superphosphat und
Chlorkali.

Es muß noch darauf hingewiesen werden, daß sowohl
der Feinmüll als auch der Mengedünger bei den Versuchen ohne
vorherige Lagerung in lufttrockenem Zustand aufgebracht
worden sind.

Diese Versuche haben durch den Vergleich der Ernte-
erträge ergeben, daß sich Feinmüll und in noch höherem Maße
Mengedünger nicht nur als physikalisch wirkendes Meliorations-
mittel eignet, sondern auch eine Dungwirkung besitzt, welche

bei Anpassung an den Pflanzennährstoffgehalt des verwendeten Kunstdüngers — was natürlich die Verwendung von wesentlich größeren Gewichtsmengen voraussetzt — der Dungwirkung des Kunstdüngers keinesfalls nachsteht.

Der Umstand, daß die Düngeversuche mit Feinmüll-Klärschlammgemisch (Mengedünger) ein besseres Ergebnis gehabt haben als jene mit Feinmüll allein, ist darauf zurückzuführen, daß einerseits der Klärschlamm reicher an Stickstoff, der Feinmüll dagegen reicher an Phosphorsäure ist und anderseits der Mengedünger auch eine günstigere physikalische Struktur besitzt, somit ihr Pflanzennährstoffgehalt in Form einer Mischung besser ausgenützt werden kann.

Es sei noch besonders hervorgehoben, daß die gleichzeitig angestellten vergleichenden Düngeversuche mit Mengedünger und Kunstdünger bei gleichem Stickstoffgehalt, die Dungwirkung des Mengedüngers größer war als jene des Kunstdüngers normaler Gabe.

Der Müll besitzt auch, wie schon einleitend hervorgehoben wurde, seiner Zusammensetzung entsprechend, einen mehr oder weniger großen Heizwert. Dieser hat zur Entwicklung der im Prinzip unzweifelhaft hygienisch einwandfreiesten Müllverwertungsart der »Müllverbrennung« geführt. Nun wurde durch Versuche bewiesen, daß der wärmearme Feinmüll den Heizwert des Gesamtmülls ungünstig beeinflußt und daß durch dessen Absiebung bis zu einer gewissen Grenze eine wesentliche Erhöhung des Müllheizwertes erreicht werden kann. So wurden beispielsweise von Baurat J. Bodler für Münchner Müll vom April 1923 folgende Werte ermittelt (s. auch S. 56):

Gesamtmüll				Heizwert:	716	WE
Müll ohne Feinmüll	0—2 mm	.		»	767	»
» » »	0—5 »	.		»	828	»
» ». »	0—15 »	.		»	1000	»

Die Müllabsiebung über die Korngröße von 15 mm hinaus ist bei der landwirtschaftlichen Verwertung des Feinmülls unzulässig, und zwar mit Rücksicht auf die in diesem Fall notwendige mechanische Zerkleinerung des Feinmülls und der damit verknüpften Kosten.

Es ist also einerseits die gute Eignung des Feinmülls als Düngemittel und anderseits sein ungünstiger Einfluß auf den Müllheizwert einwandfrei erwiesen worden. Es wird somit vielfach, wie bereits an dieser Stelle angeführt werden soll — und dies gilt besonders für deutsche Müllverhältnisse — eine Verbindung der Müllverbrennung und landwirtschaftlichen Verwertung des Feinmülls große wirtschaftliche Vorteile bieten. Auf diese Art kann nämlich einerseits feuerungstechnisch ein Erfolg dadurch erzielt werden, daß der Heizwert des Brennstoffes (Müll) durch die Feinmüllabsiebung in einer der Müllverbrennungsanlage angegliederten Siebanlage erhöht wird. Anderseits hat man auch gleichzeitig einen großen hygienischen Vorzug, indem man die Möglichkeit besitzt, sowohl zu Epidemiezeiten als auch zur Zeit wo kein Absatz des Feinmülls an die Landwirtschaft stattfindet, den Gesamtmüll auf hygienisch einwandfreie Weise durch Verbrennung zu beseitigen.

Die Absiebungsgrenze des Feinmülls ist hierbei von Fall zu Fall durch genaue Untersuchungen zu ermitteln, darf aber, wie oben schon erwähnt worden ist, 15 mm nicht überschreiten.

Schlußwort zu Kapitel 7.

Zusammenfassend ist festzustellen:

1. Die landwirtschaftliche Verwertung des Gesamtmülls ist infolge seines großen Gehaltes an Sperrstücken nicht möglich. Zu Dungzwecken kommt höchstens der abgesiebte Feinmüll (< 15 mm) und der an Pflanzennährstoffen reichere kompostierte bzw. pulverisierte Müll in Frage. Es ist also eine getrennte Beseitigung des Grobmülls (> 15 mm) bzw. der Sperrstücke in keinem Falle zu umgehen.

2. Feinmüll, kompostierter sowie pulverisierter Müll besitzen unzweifelhaft einen mehr oder weniger großen Pflanzennährstoffwert und haben bei der Düngung besonders von leichten Sand- und Moorböden an verschiedenen Orten gute Ergebnisse gezeigt.

3. Die chemische Analyse ist für den Dungwert des Mülls nicht allein ausschlaggebend. Der theoretische, auf Grund der Analysen errechnete Dungwert wird erfahrungsgemäß beim

Absatz nicht annähernd erreicht. Der geringe Handelswert von Mülldünger ist einerseits auf dessen verhältnismäßig geringen Gehalt an Pflanzennährstoffen von höchstens 1,0% Stickstoff zurückzuführen, weshalb eine Düngung mit großen Mengen erforderlich ist und die Transportkosten dementsprechend nur sehr klein sein dürfen. Anderseits sind die Landwirte aus moralischen Gründen dem Mülldünger abgeneigt mit Hinblick auf seinen Ursprung.

4. Das Pulverisieren des Mülls hat überall schlechte finanzielle Ergebnisse gezeigt und ist auch aus hygienischen Gründen abzulehnen.

5. Die Kompostierung ist, soferne es sich nicht um kleine Müllmengen handelt, aus hygienischen und wirtschaftlichen Gründen zu verwerfen.

6. Soll der im Müll steckende Dungstoffwert der Landwirtschaft nutzbar gemacht werden, so kommt aus hygienischen und wirtschaftlichen Gründen nur ein System in Frage, welches entweder mit Hinblick auf die unvermeidliche zeitweise Lagerung des erzeugten Mülldüngers eine bakteriologisch einwandfreie Materie nach einem einfachen und billigen Verfahren liefert, oder aber ein System, welches die Regelung der Düngererzeugung derart gestattet, daß zur Zeit wo kein Bedarf an Dünger vorhanden ist bzw. zu Epidemiezeiten eine hygienisch einwandfreie Beseitigung des Gesamtmülls möglich ist. Diesen Anforderungen entsprechen

a) das Gärverfahren in geschlossenen Kammern nach Beccari;
b) die Müllverbrennung mit vorgeschalteter Siebanlage zwecks Absiebung des Feinmülls.

Welches dieser beiden Systeme den Vorzug verdient hängt von örtlichen Verhältnissen ab. Das Beccariverfahren ist, wie schon erwähnt, für südliche Länder geeignet, wo wenig und nur mit Holz geheizt wird, ist aber für große Städte auch dann nicht anwendbar. Das zweite unter b) genannte Verfahren verdient für die nördlichen Länder und zwar bei an Braunkohlenasche reichem Müll größte Beachtung (s. S. 121).

Kapitel 8.

Müllsortierung.

(Verwertung des Mülls auf Grund seines Altmaterialienwertes.)

In jedem Müll wird ein gewisser Mindestgehalt an Stoffen enthalten sein, die einen gewissen Altmaterialienwert besitzen und von Industrien, welche sie als Rohmaterial verwenden können, gerne abgenommen werden. Es sind dies die als Sperrstoffe bezeichneten Abfälle wie Lumpen, Papier, Knochen, Glas, Leder, Metalle u. a. m.

Die Erkenntnis der Möglichkeit aus großen Müllmengen noch immerhin volkswirtschaftlich beachtbare Werte herauszuholen führte zu einer systematischen Sortierung des Mülls auf freiem Felde.

Es fanden sich Unternehmer, welche zu diesem Zwecke die städtischen Müllablagerplätze pachteten, jedoch trotz der Zahlung von äußerst niedrigen Löhnen an bedauernswerte Arbeiter (meist Frauen und Kinder) aus dem Verkauf der ausgelesenen Gegenstände nur ein sehr bescheidenes Dasein fristen konnten.

Um diesem vollkommen unhygienischen und denkbar primitiven Müllverwertungsverfahren entgegenzutreten und gleichzeitig die Müllsortierung auf eine industrielle Basis zu stellen, setzten Bestrebungen ein, die Handarbeit teilweise durch Maschinen zu ersetzen. So kam es im Jahre 1893 in Budapest zur Gründung der ersten Müllsortieranlage auf dem Kontinente, welche gegenüber dem früheren Zustand zwar einen erheblichen Fortschritt bedeutete, aber immer noch viel zu wünschen übrig ließ.

Ein bedeutender Fortschritt auf diesem Gebiete der Müllverwertung erfolgte durch die Gründung der Müllsortieranlage in Puchheim bei München. Diese Anlage wurde im Jahre 1898 zum Zwecke der Verwertung des Münchner Mülls errichtet und ist auch gegenwärtig noch im Betrieb.

Die Zufuhr des Mülls erfolgt mittels Eisenbahn auf eine hygienisch einwandfreie Weise, indem nämlich die Verfrachtung ohne Umladen des Mülls in den verschlossenen Abfuhrwägen selbst erfolgt, von denen je 4 auf einen Eisenbahnwagen untergebracht werden. Die Eisenbahnwägen werden an die Entladerampe der Sortieranlage gezogen und die vollen Müllwägen über eine Vorrichtung gefahren, welche ihre möglichst staubfreie Entleerung gestattet. Der Müll fällt hierbei direkt auf eine mechanische Fördervorrichtung und wird durch diese einem System von Siebtrommeln zugeführt, welche eine Trennung von Fein- und Grobmüll ermöglichen. Der Feinmüll gelangt ohne weitere Behandlung mittels Transportbänder in bereitstehende Muldenkipper einer Schmalspurbahn, um auf das zur Meliorierung bestimmte Moorgelände in der unmittelbaren Umgebung der Anstalt gefahren und dort aufgeschüttet zu werden. Der Grobmüll dagegen wird langsam laufenden, offenen Transportbändern aufgegeben, um einer sorgfältigen Sortierung von Hand unterzogen werden zu können. Längs des Transportbandes stehen Arbeiter, von denen jedem einzelnen ein ganz besonderes Material z. B. Knochen, Glas oder Eisen zugewiesen ist, welches er von dem Transportband wegzunehmen und in einen Korb zu werfen hat. Der auf diese Art von allen »Wertgegenständen« befreite Grobmüll fällt am Ende des Transportbandes in Muldenkipper, um ebenfalls zum Schüttgelände abgefahren zu werden.

Die sortierten Stoffe werden vor ihrem Verkauf einer weiteren Behandlung und Desinfektion unterzogen. So werden die Lumpen in überhitztem Dampf desinfiziert, in Zylindern gewaschen und hierauf in geschlossenen Apparaten bei 60° bis 70° C getrocknet, worauf sie einer zweiten qualitativen Sortierung unterzogen werden. Daran anschließend erfolgt ihre zweckmäßige Verpackung zu Ballen. Das sortierte Metall wird einer zweiten qualitativen Sortierung unterzogen, um hochwertige Metalle wie Kupfer, Bronze, Zink, Blei und Aluminium getrennt verkaufen zu können. Das von Staub gereinigte Papier wird maschinell zu Ballen gepreßt und kann dann an Papierfabriken verkauft werden. Die Knochen, welche ein wertvolles Sortiergut darstellen, werden vor ihrer Verfrachtung desinfiziert und geruchlos gemacht. Das sortierte Brennmaterial bestehend aus unverbrannten Kohlen und Kocksrückständen der Hausfeuerungen wird im eigenen Kesselhaus verfeuert.

Der große Fortschritt dieser Anstalt in hygienischer Hinsicht ist in den getroffenen gesundheitlichen Schutzmaßnahmen zu erblicken, welche für die Arbeiter besondere Arbeitskleidung, sowie mehrmalige wöchentliche Körperreinigung in den hierzu vorgesehenen Badeeinrichtungen vorschreiben, sowie auch eine Desinfektion sämtlicher Arbeitsräume mit Karbolsäure und deren ständige gute Durchlüftung vorsehen. Ferner ist aber auch der Umstand von großer hygienischer Bedeutung, daß das Sortiergut gereinigt und desinfiziert in den Handel kommt. Dieses Müllverwertungssystem kann jedoch trotzdem keinesfalls als hygienisch einwandfrei bezeichnet werden, da die Gefahr der Verbreitung von Krankheitskeimen nicht restlos beseitigt werden kann.

Das finanzielle Ergebnis der Puchheimer Sortieranlage ist kein günstiges. Sie kann nur auf Grund der Zuschüsse bestehen, welche sie von der Stadt München erhält. Ihre wirtschaftliche Berechtigung kann bis zu einem gewissen Grade darauf begründet werden, daß durch sie das unbrauchbare Moorgelände von Puchheim in fruchtbaren wertvollen Boden umgewandelt wird. Die Aufwertung des Bodens beträgt schätzungsweise 300 bis 400 RM. je Tagwerk.

Müllsortieranlagen mit ähnlicher Arbeitsweise wurden auch anderwärts, so unter anderem in Seegefeld bei Berlin, Frankfurt a. M. und Amsterdamm gebaut. Sie haben die Unwirtschaftlichkeit dieser Art der Müllverwertung gleichfalls bewiesen und mußten wegen ihrer schlechten Rentabilität aufgegeben werden.

Der Keim der Unwirtschaftlichkeit derartiger Müllsortieranlagen ist auf die hohen Anlagekosten sowie auf die Sorgfältigkeit der Sortierung zurückzuführen, welche viel teuere Handarbeit erfordert, die in keinem Verhältnis zum Erlös aus den herausgelesenen Materialien steht. Anderseits setzt dieses System einen günstigen Absatz der ausgesonderten Gegenstände sowie die Möglichkeit einer geeigneten Verwertung des Restmülls voraus. Die Müllsortierung ist daher nur in Verbindung mit einem anderen Verwertungssystem denkbar und kommt vielmehr m. E. überhaupt erst in Frage, wenn durch die Sortierung der Beseitigungsprozeß des Restmülls günstig beeinflußt werden kann.

Die hohen Rohmaterialienpreise der Nachkriegszeit haben dennoch, besonders in England, zur technischen Weiterentwicklung der Müllsortierung geführt. Man versuchte hierbei das Übel an der Wurzel zu fassen, indem man bestrebt war die Sortierungsarbeit soweit als nur irgend möglich mechanisch zu gestalten. So wurden beispielsweise für die Sortierung des Papiers mechanische Papiersaugapparate (Abb. 6) und für die

Abb. 6. Papiersauger.

Eisenausscheidung Magnettrommeln eingeführt. Es gelingt aber nicht die Handarbeit im Falle einer sorgfältigen Sortierung vollkommen auszuschalten und man wird auch in den neuzeitlichen Sortieranlagen offene Mülltransportbänder vorsehen müssen, um die Möglichkeit zu schaffen von Hand einige wertvollere Müllbestandteile auszusondern, deren Ausscheidung mechanisch nicht vorgenommen werden kann.

Die weitgehende Mechanisierung der Sortierarbeit hat aber eine bedeutende Erhöhung des Anlagekapitals zur Folge, dessen Verzinsung jedoch einen wesentlichen Bestandteil der Gesamtjahreskosten bildet und daher auf die Wirtschaftlichkeit des Systems ungünstig wirken muß.

Eine ganze Reihe neuzeitlicher Sortieranlagen sind in den letzten Jahren in England gegründet worden, so unter anderem in Barnsley, Sheffield, Marylebone und Westminster.

Es scheint mir aus den erwähnten Gründen sehr unwahrscheinlich, daß eine Wirtschaftlichkeit dieser Anlagen möglich ist. Wenn trotzdem von der neuen Sortieranlage in Barnsley behauptet wird, daß sie eine Herabsetzung der Müllbeseitigungskosten je 1 t Müll gegenüber der früher angewendeten Müllverbrennung von 5 s 8 d auf 1 s 4 d (6,8 auf 1,6 RM.) also auf etwa ¼ ermöglicht, so kann diese Erscheinung m. E. nur auf einen großen Gehalt des verarbeiteten Mülls an wertvollen Sperrstücken sowie auf erzielbare hohe Verkaufspreise — also auf günstige örtliche Verhältnisse — zurückgeführt werden.

Um auf die in England erzielbaren wesentlich höheren Verkaufspreise von Sortiergut hinzuweisen, seien die folgenden für Papier geltenden Absatzpreise angeführt:

Westminster (England)	Puchheim: (Deutschland)	Molenbeek-St. Jean (Belgien)
40 RM./t	22 RM./t	25,5 RM./t

Der Vollständigkeit halber möchte ich hier auch auf die sogenannte »Müllsortierung unter Wasser« hinweisen, welche aber niemals über das Versuchsstadium getreten ist und daher keine praktische Bedeutung besitzt (s. Lit. 5).

Schlußwort zu Kapitel 8.

Zusammenfassend ist festzustellen:

1. Die Müllsortierung ist, soweit sie von Hand vorgenommen werden muß, unhygienisch und kann nur in Verbindung mit einem geeigneten Beseitigungsverfahren für den am Ende des Sortierungsprozesses verbleibenden Restmüll angewendet werden.

2. Die Müllsortierung ist, was durch den Mißerfolg aller Sortieranlagen des europäischen Kontinentes bewiesen wurde, unwirtschaftlich und zwar infolge der erforderlichen hohen Anlagekosten, sowie der durch die Sorgfältigkeit der Sortierung bedingten vielen Handarbeit, welche auch in den neuzeitlichen Sortieranlagen nicht vollkommen durch maschinelle Arbeit ersetzt werden kann.

3. Die Anwendung der Müllsortierung ist nur
dann wirtschaftlich gerechtfertigt, wenn sie den
Hauptverwertungsprozeß — sei es die Müllverbrennung oder die Düngererzeugung nach Beccari —
ergänzen und günstig beeinflussen kann.

Kapitel 9.
Reduktion auf Fett und Dünger.
Verwertung als Futtermittel.

Es wurde bereits auf Seite 8 auf den stellenweise auffallend großen Gehalt des amerikanischen Mülls an Küchenabfällen hingewiesen, welcher deren getrennte Sammlung und
Abfuhr, sowie Verwertung, wirtschaftlich erscheinen läßt.

Die getrennte Verwertung der Küchenabfälle kann erfolgen
durch:

   1. Reduktion auf Fett und Dünger,

   2. Verwertung als Futtermittel.

1. Reduktion auf Fett und Dünger.

Das Arbeitsprinzip der Reduktionsanlagen besteht in der Extraktion des in den Küchenabfällen
enthaltenen und industriell verwertbaren Fettes,
und der Düngererzeugung aus den festen Rück-
ständen des Extraktionsprozesses.

Das erste Reduktionswerk wurde auf der Insel Barren
Island, in etwa 40 km Entfernung vom New Yorker Hafen,
im Jahre 1896 dem Betrieb übergeben. Die in Kähnen ange-
fahrenen Abfälle werden bei diesem System auf primitive und
unhygienische Weise von Arbeitern abgeladen und gelangen
mittels eines offenen, schrägen Transportbandes auf die im
oberen Stockwerke der Anlage angeordnete Ladebühne. Von
hier aus erfolgt die Beschickung der Digestoren. Die Digestoren sind dicht schließende eiserne Zylinder, in denen die
Abfälle 8 bis 12 Stunden hindurch der Einwirkung von unmittelbar eingeleitetem Dampf von 5,0 bis 5,5 at Spannung ausgesetzt werden. Die sich hierbei am Boden der Digestoren ansammelnde Flüssigkeit (Fett und Wasser) wird gemeinsam mit
dem in Kondenstöpfen niedergeschlagenen und bereits aus-

genützten Dampf durch Rohrleitungen einem großen Sammel-
behälter zugeführt. Der Inhalt der Digestoren wird nach Ablauf
von 8 bis 12 Stunden darunter angeordneten, hydraulisch ange-
triebenen Filterpressen zugeleitet und hier einem Druck von
280 kg/cm² ausgesetzt. Die sich hierbei ausscheidenden Flüs-
sigkeitsmengen werden gleichfalls dem erwähnten Sammel-
behälter zugeführt, wo von Hand das an der Oberfläche
schwimmende braungefärbte Fett abgeschaufelt und ohne
weitere Reinigung in Fässer gefüllt wird.

Der Rückstand der Filterpressen wird in besonderen
Apparaten getrocknet, wobei sein Gewicht um 40% reduziert
wird. Die getrocknete Masse wird daran anschließend zerkleinert, sortiert und in verschiedenen Korngrößen gesiebt.
Das so erhaltene Endprodukt kann an Düngerfabriken oder
unmittelbar an die Landwirtschaft abgegeben werden.

Dieses veraltete Reduktionsverfahren ist unhygienisch.
Das heiße Fett sowie die Rückstände der Filterpressen ver-
breiten in weitem Umkreis einen unerträglichen Geruch. Es
könnten daher derartige Anlagen nur in weiter Entfernung
von den Städten angelegt werden, womit aber eine Erhöhung
der Müllabfuhrkosten verknüpft wäre. Anderseits ist durch dieses Verfahren eine gute Ausnützung des Materials nicht zu
erzielen, infolge einer möglichen Fettextraktion von nur 85
bis 90%,

Dieses Reduktionsverfahren hat nur noch historische Bedeutung und ist im Laufe der Zeit erheblich weiterentwickelt
und verbessert worden. So kam das System Cobwell auf,
welches sowohl in hygienischer als auch in wirtschaftlicher Hinsicht einen großen Fortschritt bedeutet.

Nach diesem Verfahren erfolgt die Reduktion auf chemi-
schem Wege. Die in die Digestoren gefüllten Abfälle werden
zunächst mit einem Lösungsmittel überpumpt und hiernach
12 Stunden hindurch einer Temperatur von 208° Fahrenheit
(98° C) ausgesetzt, wobei der Digestorinhalt durch eine besondere Vorrichtung ständig bewegt wird. Diese Digestoren
weisen eine von den oben beschriebenen wesentlich abweichende
Bauart auf. Die Zuleitung des zur Erzeugung der notwendigen
hohen Temperatur nötigen Dampfes erfolgt nämlich nicht
unmittelbar in die Digestoren, sondern in ein diese umgebendes

Gehäuse. Auf diese Weise wird der Wassergehalt der ausgeschiedenen Fettlösung wesentlich verringert und dadurch
dessen Verdampfung entsprechend vereinfacht.

Die Trennung des Fettes von seinem Lösungsmittel erfolgt in einem besonderen Separator.

Der Inhalt der Digestoren fällt durch Öffnung eines Schiebers in einen darunter angeordneten Trockenapparat, um nach
erfolgter Trocknung einem Extraktionsapparat zugeführt
zu werden. Dieser vollzieht mittels eines Lösungsmittels die
Extraktion des in der Masse noch enthaltenen Fettes, während
dessen Trennung von seinem Lösungsmittel in dem bereits erwähnten Separator vorgenommen wird.

Das Fett findet an Seifenfabriken, der getrocknete feste
Rückstand als Düngemittel guten Absatz.

Die in die Digestoren gefüllten‚ Abfälle kommen also
beim Cobwell-System erst als Endprodukte mit der Außenluft
wieder in Berührung, so daß eine Geruchbelästigung vermieden
und die Unterbringung derartiger Anlagen in dem Industrie-
viertel der Städte möglich wird. Es kann also beim Cobwell-
System gegenüber dem zuerst beschriebenen Verfahren eine
Herabsetzung der Transportkosten für die Abfälle erzielt
werden.

Die Reduktionswerke haben verhältnismäßig
gute finanzielle Ergebnisse gezeigt. In hygienischer Hinsicht kann gegen die neuzeitlichen Reduktionsverfahren ebenfalls kein Einwand erhoben
werden, wenn für eine hygienisch einwandfreie
Entleerung der für den Transport der Abfälle bestimmten Fahrzeuge und für eine ebensolche Beschickung der Digestoren gesorgt wird.

Das Reduktionsverfahren beschränkt sich auf die Verwertung der Küchenabfälle. Es setzt daher für die Sammlung
und Abfuhr des Mülls die Anwendung des Drei- bzw. Zwei-
teilungssystems voraus und ist nur in Verbindung mit einem
geeigneten Beseitigungsverfahren für den Restmüll anwendbar.
Das Reduktionsverfahren kommt mit Rücksicht auf die verhältnismäßig hohen Anlagekosten nur für Großstädte in
Frage und auch für diese nur dann, wenn der Gehalt des Mülls

an Küchenabfällen besonders groß ist. In diesem Falle arbeitet
es jedoch wirtschaftlich und auch hygienisch befriedigend.

Für Müllverhältnisse, wie sie auf dem europäischen Festlande vorherrschen, kann das Reduktionsverfahren aus wirtschaftlichen Gründen keinesfalls zur Anwendung empfohlen werden. Es kommt vielmehr nur für amerikanischen
Müll in Frage, dessen Gehalt an Küchenabfällen den Wert von
50% nicht selten sogar übersteigt (s. S. 8).

2. Verwertung als Futtermittel.

Die Verwertung der Küchenabfälle kann auf Grund des
in ihnen enthaltenen Stärkewertes[1]) auch als Futtermittel in
Schweinemästereien erfolgen.

Eine großzügige Anwendung dieses Verfahrens ist fast
nur in einigen amerikanischen Großstädten erfolgt. Es ist
aber auch in Deutschland vorübergehend in Charlottenburg
und während der schweren Kriegsjahre ganz allgemein angewendet worden (s. auch S. 17)[2]).

Dieses Müllverwertungssystem birgt viele Nachteile in sich
Es setzt eine getrennte Sammlung der Küchenabfälle voraus,
die jedoch niemals so genau durchgeführt werden kann, daß
eine unmittelbare Verfütterung der Abfälle ohne Gefahr und
Risiko möglich wäre. Es wird vielmehr immer noch eine Aussonderung einiger Bestandteile nötig sein, welche für die Mast-
tiere lebensgefährlich sein können. Diese Sortierung ist aber
einerseits kostspielig und kann anderseits nicht hygienisch
einwandfrei gestaltet werden. Um ein brauchbares Futtermittel zu bekommen, muß man ferner die sortierten Abfälle
durch Waschung, Trocknung und daran anschließende Ver-
mahlung in ein Abfallmehl überführen, was jedoch mit nicht
unbedeutenden Kosten verbunden ist.

---

[1]) Professor Hansen in Königsberg hat den Stärkewert eines
durch Trocknung von Küchenabfällen erzeugten Abfallmehles zu
67,3% bis 68,3% gegenüber dem von Futtergerste von 67,9%
ern.ittelt.

[2]) In Baltimore (USA., 750000 Einwohner) sollen nach Paul
Bernard durch einen Unternehmer je Jahr 150000 Schweine, in
Salt-Lake-City `(USA., 135ū00 Einwohner) je Jahr 1500—2500
Schweine mit Küchenabfällen gefüttert worden sein (s. Lit. 3).

Die Verwertung der Küchenabfälle als Futtermittel setzt eine getrennte Sammlung und Abfuhr sowie eine daran anschließende Verarbeitung zu einem Abfallmehl voraus. Infolge der hiermit verbundenen Kosten kommt dieses Verfahren aus wirtschaftlichen Gründen höchstens in Großstädten mit einem an Küchenabfällen reichen Müll in Frage, ist aber auch in diesem Falle aus hygienischen Gründen abzulehnen.

Für europäische Verhältnisse hat dieses Müllverwertungssystem nur in Ausnahmefällen — wie es die wirtschaftlich schlechten Verhältnisse während des Weltkrieges waren — eine gewisse Bedeutung.

Schlußwort zu Kapitel 9.

Zusammenfassend ist festzustellen:

1. Die Verwertung der Küchenabfälle als Futtermittel oder durch Reduktion auf Fett und Dünger kommt aus wirtschaftlichen Gründen nur in solchen Großstädten in Frage, deren Müll einen großen Gehalt an Küchenabfällen aufweist. Diese Verfahren sind daher nur für amerikanischen Müll mit einem Gehalt an Küchenabfällen von stellenweise über 50% anwendbar.

2. Wo die unter 1. geschilderten Vorbedingungen für die Anwendung dieser Verfahren vorliegen, ist aus hygienischen und auch wirtschaftlichen Gründen dem Reduktionsverfahren der Vorzug einzuräumen.

3. Beide Verfahren setzen für die Müllsammlung das Dreiteilungs- oder Zweiteilungssystem voraus und stellen nur eine teilweise Lösung des Müllproblems dar, während für die Beseitigung des Restmülls ein besonderes Verwertungsverfahren angewendet werden muß.

Kapitel 10.

Vergasung des Mülls.

Schon um die Wende des 19. Jahrhunderts wurden an verschiedenen Orten — so unter anderem in Wien, Stuttgart, Paris und Versailles — Versuche angestellt die Müllbeseitigung durch Vergasung vorzunehmen und das erzeugte Müllgas zu Leucht- und Heizzwecken oder für den Betrieb von Gasmotoren zu ver-

werten. Die Ergebnisse dieser Versuche waren durchwegs ungünstig und haben die Unwirtschaftlichkeit dieses Müll-
verwertungsverfahrens einwandfrei bewiesen.

Das erzeugte Müllgas hatte allgemein einen sehr hohen
Gehalt an Kohlensäure und einen nur geringen Gehalt an
schweren Kohlenwasserstoffen, während sein Heizwert höchstens 3000 Kalorien betrug.

Die Verwendung von reinem Müllgas zu Leuchtzwecken
kommt daher nicht in Betracht. Seine Mischung mit hoch-
wertigem Kohlengas würde aber dieses bedeutend verschlech-
tern, während anderseits die Karburierung des Müllgases mit
zu hohen Kosten verbunden wäre.

Die Verwertung als Heizgas ist infolge des verhältnismäßig
geringen und sehr schwankenden Heizwertes des Müllgases bei
dessen hohen Erzeugungskosten vollkommen unwirtschaftlich.

Gegen die industrielle Verwertung von Müllgas als Kraftgas spricht einerseits sein hoher Feuchtigkeits- und Staubgehalt und anderseits seine stark schwankende Zusammensetzung und Menge, welche die Anordnung von besonderen Reini-
gungsapparaten, sowie eines entsprechend großen Gasbehälters,
erfordern und somit hohe Anlagekosten verursachen würde.

Es muß ferner noch besonders hervorgehoben werden, daß
die Müllvergasungsrückstände eine unvollkommen durchge-
brannte lockere Materie darstellen, welche einen unange-
nehmen Geruch verbreitet. Eine Verwertung dieser Rückstände, welche bis zu 63% der Gesamtmüllmenge ausmachen,
ist daher schwer möglich, wodurch allein schon die Wirtschaftlichkeit der Müllvergasung ausgeschlossen ist.

Schlußwort zu Kapitel 10.

Müllgas kann in seiner ursprünglichen Zusammensetzung
weder für die Verwendung als Leuchtgas, noch als Kraftgas
in Frage kommen. Die Erzeugung technisch verwertbaren
Müllgases ist jedoch mit sehr bedeutenden Kosten verbunden
und infolgedessen, sowie infolge der Wertlosigkeit der Verga-
sungsrückstände, vollkommen unwirtschaftlich. Die Müllvergasung hat daher nur eine theoretische, während ihr aus
wirtschaftlichen Gründen jede praktische Bedeutung abge-
sprochen werden muß.

Kapitel 11.

Müllverbrennung.

1. Allgemeine und wärmetechnische Betrachtungen.

Die Müllverbrennung gilt im Prinzip mit Recht als das hygienisch einwandfreieste Müllbeseitigungssystem, da durch die hohen Temperaturen während des Verbrennungsprozesses sämtliche Bakterien unschädlich gemacht werden. Außer diesen offensichtlichen hygienischen Vorzügen kommt der Müllverbrennung insoferne noch eine sehr große Bedeutung zu, als sie je nach den örtlichen Verhältnissen einerseits meistens auch das wirtschaftlichste und anderseits oft das allein mögliche Müllbeseitigungsverfahren ist.

Wie auf dem Gebiete der Schwemmkanalisation, so ist auch auf dem Gebiete der Müllverbrennung England dem europäischen Festlande um mehrere Jahrzehnte vorausgeeilt. Dies ist zunächst darin begründet, daß in England früher als in anderen Ländern die öffentliche Gesundheitspflege durch Verordnungen und Gesetze eine Förderung gefunden hat. Ferner ist diese Tatsache auch auf die Notlage zurückzuführen in welcher sich viele englische Städte hinsichtlich der Müllbeseitigung bereits um die Mitte des 19. Jahrhunderts befanden und nicht zuletzt hat hierzu auch die gute Eignung des englischen Mülls zur Verbrennung wesentlich beigetragen.

Von England ausgehend, wo sie auch gegenwärtig noch die weitaus größte Verbreitung besitzt, hat die Müllverbrennung um die Neige des 19. Jahrhunderts auch auf dem europäischen Festlande allmählich Eingang gefunden. Zunächst wurden bewährte englische Müllofensysteme angewendet, die sich jedoch für das bedeutend heizwertärmere festländische Müll als unbrauchbar erwiesen und die Vornahme von Änderungen an deren Bau- und Betriebsart erforderlich machten. Die Leistung dieser verbesserten englischen Müllofenkonstruktionen war jedoch ebenfalls gering und man entwickelte daher auf Grund der gewonnenen Erfahrungen neue, den kontinentalen Müllverhältnissen angepaßte Müllfeuerungsanlagen, welche im Laufe der Zeit technisch immer mehr vervollkommnet worden sind.

An der Entwicklung der Müllverbrennung auf dem europäischen Festlande war in erster Linie Deutschland hervorragend beteiligt, dessen Systeme in verschiedenen Ländern und neuerdings sogar in England dem Mutterlande der Müllverbrennung Aufnahme gefunden haben, was mit ein Beweis für deren Vorzüge ist.

Als die Müllverbrennung aufkam, waren es hauptsächlich hygienische Gesichtspunkte, welche die verschiedenen Stadtverwaltungen veranlaßte, sich für die Wahl dieses Müllbeseitigungssystems zu entscheiden und die ersten Müllverbrennungsanstalten hatten lediglich den Zweck den Müll zu vernichten. Die hohen Betriebskosten der Müllverbrennungsanlagen führten jedoch alsbald dazu, die Verbrennungswärme der Müllfeuerungen in angegliederten Kesselanlagen tunlichst auszunützen sowie die Verbrennungsrückstände nutzbringend zu verwerten. Damit beginnt ein stetig wachsendes Bestreben den Betrieb dieser Anstalten soweit als irgend möglich zu rationalisieren, um ihre Wirtschaftlichkeit zu erhöhen.

Müll als Brennstoff.

Die Verbrennung ist eine chemische Reaktion. Sie besteht in der chemischen Verbindung des in dem Brennstoff enthaltenen Kohlenstoffes mit dem Luftsauerstoff zu Kohlensäure bei gleichzeitiger Wärmeentwicklung, wobei man von einer vollkommenen Verbrennung spricht, wenn die Rückstände des Verbrennungsprozesses — die Schlacken — keinen Kohlenstoff mehr enthalten. Dieser chemische Prozeß kann sich aber nur bei ganz bestimmten Luftverhältnissen abspielen, was besonders für einen verschiedenartigen und wärmearmen Brennstoff wie Müll von größter Bedeutung ist.

Der Wärmewert eines Brennstoffes ist durch seinen (unteren) Heizwert gekennzeichnet, der in WE/kg ausgedrückt wird.

Der Heizwert des Mülls ist nun von dessen physikalischer und chemischer Zusammensetzung abhängig und daher entsprechenden örtlichen und zeitlichen Schwankungen unterworfen. Die zuverlässige Feststellung des Müllheizwertes gestaltet sich infolgedessen verhältnismäßig schwierig. Seine Ermittlung erfolgt auf Grund einer sehr gewissenhaft durchgeführten mechanischen Müllanalyse. Diese wird am besten auf

4*

betoniertem oder gepflastertem Boden mit einer Müllmenge
von mindestens 3000 kg durchgeführt. Das genaue Gewicht
der zur Untersuchung herangezogenen Müllmenge bestimmt
man aus dem Brutto- und Taragewicht der benützten Abfuhrwägen. Der Müll wird dann gegen ein um 30° zum Lot ge-
neigtes Sieb von 15 mm Maschenweite und der hierbei erzielte
Siebdurchfall gegen ein zweites Sieb von gleicher Neigung aber
4 mm Maschenweite geworfen. Auf diese Art erhält man die
in der nachstehenden Tabelle unter Nr. 1 und 2 eingetragenen
Feinmüllbestandteile. Aus dem Rückstand des 15-mm-Siebes
werden die unter Nr. 4 bis 11 vermerkten Müllbestandteile
sorgfältig ausgelesen. Der nach dem Ausklauben verbleibende
Rest ergibt den in der Tabelle unter Nr. 3 vermerkten Grobmüll über 15 mm. Anschließend bestimmt man das genaue
Gewicht der einzelnen Müllbestandteile sowie deren prozentualen Anteil am Gesamtgewicht der untersuchten Müllmenge.
Hierauf werden die einzelnen Müllbestandteile unter sich gut
durchgemischt und dann in bekannter Weise je eine Probe für
den Chemiker entnommen. Die Probemengen, welche etwa
20 kg betragen sollen, sind dem Chemiker in luftdicht verschlossenen Gefäßen oder Kisten zu übergeben.

Auf Grund einer solchen mechanischen Analyse kann die
Heizwertbestimmung des Mülls auf zwei verschiedene Arten
vorgenommen werden.

1. Man ermittelt die Heizwerte der einzelnen Proben
   kalorimetrisch und bestimmt aus den prozentualen
   Gewichtsteilen den Anteil der einzelnen Müllbestandteile am Müllheizwert. Durch Summieren dieser Zahlenwerte ergibt sich der gesuchte Heizwert des Mülls.
2. Die Heizwertbestimmung erfolgt rechnerisch auf Grund
   einer genauen chemischen Verbrennungsanalyse des
   Mülls. Der Gang der Untersuchung ist aus der nachstehenden Tabelle nach Bodler ersichtlich.

Der Heizwert errechnet sich hierbei aus der Formel

$$H_u = 8100 \cdot C + 29000 \cdot H + 4000\ Z - 600 \cdot H_2O,$$

worin zu bedeuten hat:

C = Kohlenstoffgehalt, H = Wasserstoffgehalt,
Z = Zellulose und Holzstoff, H_2O = Wassergehalt.

Müllanalyse zur Heizwertbestimmung von Münchner Müll aus dem Jahre 1921 nach Bodler[1]).

Nr.	Bestandteile	Mechan. Analyse – Gewicht des Müllbestandteils kg	Gewicht %	der Probemengen kg	Gesamtmesser %	Chem. Asche %	Chem. Kohlenstoff %	Chem. Wasserstoff verbrennlich %	Chem. Wasserstoff unverbrennlich %	Chem. N+O+S %	Chem. Zellulose und Holzstoff %	Umger. Gesamtwasser %	Umger. Asche %	Umger. Kohlenstoff %	Umger. Wasserstoff verbrennlich %	Umger. Wasserstoff unverbrennlich %	Umger. N+O+S %	Umger. Zellulose und Holzstoff %	Heizwert kcal	Heizwert %
1	Feinmüll 0—4 mm	1376,1	39,89	18,0	6,91	83,85	4,04	0,04	0,46	4,70	—	2,76	33,45	1,61	0,010	0,18	1,87	—	116,75	13,80
2	Feinmüll 4—15 mm	611,5	17,72	18,0	5,21	74,10	13,43	0,46	—	6,80	—	0,92	13,14	2,38	0,08	—	1,21	—	210,46	25,00
3	Grobmüll über 15 mm	1028,2	29,80	20,0	14,75	62,05	15,57	0,18	0,83	6,62	—	4,40	18,51	4,65	0,05	0,24	1,98	—	364,77	43,25
4	Kohle, Koks, Schlacke	214,3	6,21	3,0	2,61	74,25	20,64	0,38	0,17	2,35	—	0,16	4,62	1,26	0,02	0,010	0,15	—	106,90	12,62
5	Lumpen, Hadern	10,6	0,31	5,0	28,71	13,16	—	—	—	—	58,13	0,08	0,04	—	—	—	—	0,17	6,32	0,75
6	Knochen und tierische Abfälle	6,9	0,20	1,3	20,15	35,92	—	—	—	—	43,93	0,04	0,07	—	—	—	—	0,09	3,36	0,42
7	Gemüseabfälle	64,2	1,86	10,0	0,22	5,31	—	—	—	—	14,47	1,49	0,09	—	—	—	—	0,27	1,86	0,22
8	Papier, Pappe	45,3	1,31	5,0	29,78	22,98	—	—	—	—	47,54	0,39	0,29	—	—	—	—	0,63	22,86	2,72
9	Holz, Stroh	13,2	0,38	5,0	21,06	6,44	—	—	—	—	72,50	0,08	0,02	—	—	—	—	0,27	10,32	1,22
10	Stein, Glas, Porzellan	61,4	1,78	—	—	100,00	—	—	—	—	—	—	1,78	—	—	—	—	—	—	—
11	Metall	18,3	0,54	—	—	100,00	—	—	—	—	—	—	0,54	—	—	—	—	—	—	—
		3450,0	100,00	—	—	—	—	—	—	—	—	10,32	72,55	9,90	0,16	0,43	5,21	1,43	843,60	100,00

Heizwert des Gesamtmülls (bei 10,32% Feuchtigkeitsgehalt)

[1]) Die Zahlen wurden der Zeitschrift des Bayer. Revisions-Vereins, XXV. Jahrg. S. 51, entnommen.

Diese Verfahren zur Heizwertbestimmung sind, wenn sie auch sehr umständlich sein mögen, der einzig richtige Weg zur zuverlässigen Ermittlung des Wärmewertes von Müll und müssen der früher üblichen Probeverbrennung in einer bestehenden Müllverbrennungsanlage unbedingt vorgezogen werden. Letzteres Verfahren liefert nämlich einerseits Werte, die mit der betreffenden Müllprobe und einem ganz bestimmten Ofensystem erhalten werden können und ist anderseits auch insoferne nicht zuverlässig, als sich der Müll auf dem Wege zum Versuchsort in seiner Zusammensetzung ändern kann.

Um einen guten Durchschnittsheizwert zu erhalten, ist es notwendig Müll aus verschiedenen Stadtbezirken in der geschilderten Weise zu analysieren. Es ist ferner erforderlich die Heizwertbestimmungen für alle Monate eines Jahres vorzunehmen, um die in Frage kommenden Schwankungen genau zu kennen.

Der Müllheizwert ist nun außer von den wirtschaftlichen Verhältnissen unter welchen die Stadtbevölkerung lebt, in sehr hohem Maße von der Art des in den Hausfeuerungen der betreffenden Stadt verwendeten Brennstoffes abhängig. Es kommt hierbei auf den Gehalt der Verbrennungsrückstände der Hausfeuerungen an unverbranntem Kohlenstoff an, welcher um so größer ist, je weniger die Bewohner durch die wirtschaftlichen Verhältnisse zu sparen gezwungen sind und je hochwertiger das verwendete Brennmaterial ist. Es wird in der Steinkohlenasche mehr Unverbranntes enthalten sein, als in den Verbrennungsrückständen von Braunkohle, Holz oder Torf.

Diese Betrachtungen finden ihre Bestätigung darin, daß in England, wo die Steinkohle billig ist und daher ausschließlich in den Hausfeuerungen Verwendung findet, der Müllheizwert bis über 3000 WE beträgt, während für Berliner Müll im Jahre 1923 ein solcher von lediglich 500 WE ermittelt wurde, was auf die fast ausschließliche Verheizung von Braunkohlenpreßlingen in der Reichshauptstadt zurückzuführen ist. Der große Einfluß der wirtschaftlichen Verhältnisse auf den Müllheizwert ist durch die infolge des Weltkrieges geschaffene Lage erwiesen worden. So wurde besonders in Deutschland eine Verschlechterung des Müllheizwertes bis zu 50% und darüber im allgemeinen auf $^2/_3$ der Vorkriegswerte festgestellt. Es

betrug z. B. der durchschnittliche Heizwert von Frankfurter
Müll im Jahre 1913 etwa 1400 WE, während er im Jahre 1921
auf 800 WE zurückgegangen war.

Diese erhebliche Verschlechterung des Müllheizwertes
nach dem Kriege ist auch die Ursache dafür, daß die älteren
Vorkriegsanlagen den Müll nicht mehr wirtschaftlich zu verbrennen vermochten und diese daher zum Teil umgebaut, zum
Teil vollkommen stillgelegt werden mußten.

Von ausschlaggebender Bedeutung für die Größe des
Müllheizwertes ist dessen Gehalt an unverbrennbaren Bestandteilen, welche im Aschen- und Wassergehalt zum Aus-
druck kommen. Es ist daher der Müllheizwert dessen chemischen Zusammensetzung entsprechend nicht nur von Ort
zu Ort, sondern auch von Monat zu Monat erheblichen Schwankungen unterworfen, deren genaue Kenntnis jedoch für die
richtige Projektierung einer Müllverbrennungsanlage von
großer Bedeutung ist. Einen Begriff von den Grenzen der jährlichen Schwankungen des Müllheizwertes sollen folgende für
Amsterdamer Verhältnisse geltenden neueren Werte geben:

Januar . . 1750 WE/kg	Juli . . . . 1000 WE/kg
Februar . 1680 »	August . . . 810 »
März . . . 1520 »	September . 1080 »
April . . . 1470 »	Oktober . . 1300 »
Mai . . . 1250 »	November. . 1250 »
Juni . . . 1040 »	Dezember . 1520 »

Je nach dem Aschen- und Wassergehalt bewegt sich der
Müllheizwert in den einzelnen Städten zwischen 500 WE und
2000 WE, in England sogar 3000 WE und darüber. In Deutschland wird gegenwärtig der durchschnittliche Müllheizwert im
allgemeinen kaum 1000 WE überschreiten.

Die Verbrennung eines so heizwertarmen Brennstoffes
wie Müll kann nur in Öfen besonderer Bauart, bei künstlicher
Zufuhr der Verbrennungsluft (Unterwind), erfolgen. In England verwendete man hierzu ursprünglich Dampfstrahl-
gebläse, welche sich jedoch für den heizwertarmen Müll bald
als ungeeignet erwiesen, und zwar infolge der Wärmeverluste,
welche bei der Zersetzung des Gebläsedampfes im Ofen auf-
traten. Die schlechten Erfahrungen, welche mit Dampf-

strahlgebläse zuerst in der alten Müllverbrennungsanlage in Hamburg gemacht wurden, führten dazu, daß man heute zur Müllverbrennung ausschließlich Trockenluftgebläse anwendet. Auf die große Bedeutung, welche der Anwendung von Heißluft (250° bis 300° C) für die Müllverbrennung zukommt, werde ich später zurückkommen.

Für ein besseres Verständnis der folgenden Ausführungen erscheint es mir notwendig, bereits an dieser Stelle kurz darauf hinzuweisen, daß der Verbrennungsprozeß des Mülls durch folgende Maßnahmen günstig beeinflußt werden kann.

    1. Durch Absieben des Feinmülls, wobei nach Versuchen von Bodler bei einer Aussiebungsmenge von 25%, auf die Restsubstanz bezogen, eine Steigerung des Heizwertes bis zu 23% und bei 35% Aussiebmenge eine solche von etwa 40% erzielt werden kann (s. auch S. 36).

    2. Durch Vortrocknung des Mülls.

    3. Durch möglichst weitgehende Vorwärmung der Verbrennungsluft.

Auf die Vorteile und die Bedeutung der angeführten Verfahren werde ich später zurückkommen. Vor der Hand ist es lediglich von Bedeutung zu wissen, daß auf die angegebene Weise die Müllverbrennung günstig beeinflußt werden kann und daher die Beurteilung der anschließend besprochenen Müllfeuerungsanlagen unter Berücksichtigung dieser sehr wesentlichen Gesichtspunkte zu erfolgen hat.

Schlußwort zu Kapitel 11/1.

Müll besitzt einen geringen Heizwert, der von seinem Aschen- und Wassergehalt beeinflußt wird und daher, der veränderlichen Müllzusammensetzung entsprechend, erheblichen örtlichen und zeitlichen Schwankungen unterworfen ist. Es können somit keine allgemein gültigen Werte für den Müllheizwert angegeben werden, welcher vielmehr in jedem einzelnen Fall auf Grund genauer Untersuchungen zu ermitteln ist. Der Projektierung einer Müllverbrennungsanlage haben also stets genaue und mindestens über 1 Jahr sich erstreckende Untersuchungen über die Schwankungen des Müllheizwertes vorauszugehen.

Die Heizwertbestimmung soll im Anschluß an eine gewissenhaft durchgeführte mechanische Müllanalyse entweder
kalorimetrisch oder rechnerisch auf Grund einer chemischen
Verbrennungsanalyse vorgenommen werden. Hierbei ist auch
der verschiedenen Müllzusammensetzung in den einzelnen
Stadtbezirken Rechnung zu tragen.

2. Die Müllverbrennung vom hygienischen, technischen und wirtschaftlichen Standpunkt.

Die Beseitigung und Verwertung des Mülls durch Verbrennung gliedert sich in eine transporttechnische und eine
feuerungstechnische Aufgabe. Die transporttechnische Aufgabe besteht darin, den Müll auf eine hygienisch einwandfreie
und wirtschaftliche Art der Ofenanlage zuzuführen, sowie die
Verbrennungsrückstände unter den gleichen Bedingungen
wieder abzuführen. Die feuerungstechnische Aufgabe besteht
in der Erzielung einer vollkommenen Verbrennung bei möglichst
großer Ofenleistung sowie einer weitgehenden Ausnützung der
Verbrennungswärme und der Verbrennungsrückstände.

Es wird daher jede moderne Müllbeseitigungsanlage, die
auf der Verwertung des Mülls auf Grund seines Wärmewertes
beruht, im allgemeinen folgende Aggregate aufzuweisen haben:

a) Müllempfangs- und Transportanlagen,
b) Müllofen- und Kesselanlage,
c) Schlackenverwertungsanlage.

Von dem guten Wirkungsgrad jedes einzelnen dieser Aggregate hängt die Wirtschaftlichkeit des betreffenden Müllverwer-
tungsverfahrens ab. Es ist bei der Wahl jenem System der
Vorzug einzuräumen, welches in höchstem Maße allen hygienischen, technischen und wirtschaftlichen Anforderungen Genüge
leistet.

Vom hygienischen Standpunkt aus muß ein hygienisch
einwandfreier Betrieb der ganzen Anlage gefordert werden. Die
Manipulation des Mülls muß derart erfolgen, daß die in der
Anlage beschäftigten Arbeiter mit ihm nicht in Berührung
kommen und jegliche Staubentwicklung vermieden wird. Auch
muß die Manipulation der Verbrennungsrückstände derart
vorgenommen werden, daß die Gesundheit des Arbeitspersonals

durch sengende Hitze, sowie durch Rauch- und Staubentwicklung, keinesfalls gefährdet wird. Endlich muß eine Staub- und
Geruchbelästigung der Umgebung ausgeschlossen sein.

Vom technischen Standpunkt aus muß eine hohe Leistungsfähigkeit und größte Betriebssicherheit der Anlage, sowie
eine vollkommene Verbrennung und damit die Erzielung einer
hochwertigen Müllschlacke gewährleistet sein.

Vom wirtschaftlichen Standpunkt aus muß eine
möglichst weitgehende Ausnützung der Verbrennungspro-
dukte — Wärme und Schlacke — gesichert sein, sowie die teuere
Handarbeit soweit als irgend möglich ausgeschaltet und durch
den billigeren maschinellen Betrieb ersetzt werden.

3. Müllempfangs- und Transportanlagen.

Die Lösung der transporttechnischen Aufgabe macht insoferne Schwierigkeiten, als es sich beim Müll um die Manipulation einer sehr staubhaltigen und voluminösen Materie
handelt. Es können aus hygienischen Gründen nur solche
Empfangs- und Transportanlagen in Frage kommen, welche
einen völlig staubfreien Betrieb ermöglichen und aus technischen und wirtschaftlichen Gründen nur solche, welche eine
möglichst große Leistungsfähigkeit bei gleichzeitiger größter
Betriebssicherheit aufweisen.

Im Betrieb haben sich Greifer, Becherwerke, Schüttelrinnen, Transportbänder und Förderschnecken für die Manipulation von Müll gut bewährt. Sie arbeiten mit geringem
Verschleiß, erfordern wenig Wartung und sind von hoher
Leistungsfähigkeit.

Von größter wirtschaftlicher Bedeutung bei der Projektierung der Empfangs- und Transportanlagen einer Müllverbrennungsanstalt ist deren weitgehende Anpassung an das in
der betreffenden Stadt geübte Müllabfuhrsystem. Ausschlaggebend ist ferner der Umstand, daß die Sammlung des Mülls
meist in achtstündigem Betrieb erfolgt, während die Müllverbrennungsanstalten in der Regel für 16- bzw. 24stündigen Betrieb ausgebaut werden. Es muß daher die Verbrennung von
der Abfuhr unabhängig gemacht werden, was durch Anordnung
von Müllbunkern erreicht wird.

Je nach der Art der Anordnung und Bedienung dieser Bunker kommen für neuzeitliche Anlagen folgende zwei Manipulationssysteme für Müll in Frage:

I. Der Müllbunker wird im Ofenhause über den Beschikkungsapparaten der Öfen angeordnet, wobei er mit Vorrichtungen versehen werden muß, die seine selbsttätige und kontinuierliche Entleerung ermöglichen.

II. Der Müllbunker wird längs einer Entladerampe der Ofenhalle vorgebaut.

Im Falle I (Abb. 7) erfolgt die Entladung der Müllabfuhrwägen in kleinere Bunker (a), welche in den Boden versenkt werden, damit sich die Anfuhr und Entladung des Mülls zu ebener Erde abspielen kann. Der Bunkerinhalt wird

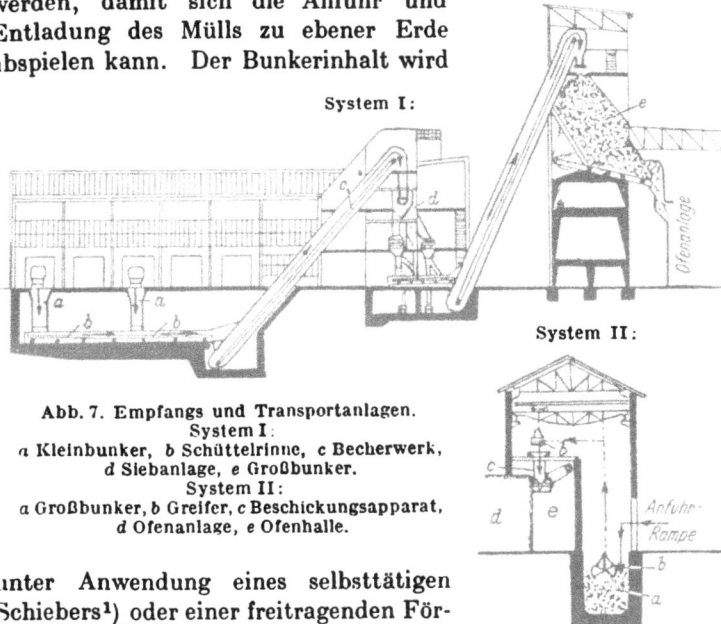

System I:

System II:

Abb. 7. Empfangs und Transportanlagen.
System I:
a Kleinbunker, b Schüttelrinne, c Becherwerk,
d Siebanlage, e Großbunker.
System II:
a Großbunker, b Greifer, c Beschickungsapparat,
d Ofenanlage, e Ofenhalle.

unter Anwendung eines selbsttätigen Schiebers[1] oder einer freitragenden Förderschnecke kontinuierlich einer Schüttelrinne bzw. einem Transportband (b) und von diesem einem Becherwerk (c) aufgegeben, um entweder vorerst einer Siebanlage (d) oder direkt dem Großbunker (e) zugeführt zu werden. Die erwähnten Fördervorrichtungen müssen hierbei in dicht schlie-

---

[1] Vgl. auch Abb. 12.

ßende Kästen eingebaut und diese mit Exhaustoren verbunden
werden, denn nur so ist ein staubfreier Betrieb durchführbar.
Ebenso muß auch für die Möglichkeit einer staubfreien Entleerung der Müllabfuhrwägen gesorgt sein.

Diese Art der Müllmanipulation ist sowohl hinsichtlich
der Anlage, sowie der Betriebs- und Unterhaltungskosten, verhältnismäßig teuer.

Abb. 8. Empfangsanlage der Müllverbrennungsanstalt »Paris-Issy les
Moulineaux«.

Im Falle II (Abb. 7 und 8) erfolgt die Entladung der Müllabfuhrwägen unmittelbar in einen in den Boden versenkten
Großbunker (a), von wo der Müll mittels eines oder mehrerer
an je einem Laufkran montierten Greifer (b) aufgenommen und
den im selben Raum untergebrachten Beschickungsapparaten
(c) der Ofenanlagen (d) aufgegeben wird.

Soll dieses System den hygienischen Anforderungen ge-
nügen, so muß die Staubbelästigung, welche beim Entleeren
der Müllabfuhrwägen auftreten könnte, dadurch bekämpft
werden, daß man die Möglichkeit vorsieht den Müllbunker
nach der Entladerampe hin durch Schiebetore abschließen zu
können. Ferner muß der Kranführer zum Schutz gegen Staubbelästigung entweder in einem luftdicht abgeschlossenen Glas-
häuschen untergebracht werden, wobei ihm staubfreie Außenluft durch ein Gebläse in der Decke zugeführt wird, oder der
Führerstand wird, wie dies in einigen neuen Müllverbrennungs-

anlagen[1]) gemacht worden ist (Abb. 9), am zweckmäßigsten
außerhalb des Bunkerraumes hinter einer dichten Glaswand angeordnet. Schließlich soll ein Greifer von möglichst großer
Schließkraft verwendet werden, um ein Abbröckeln des auf-
gegriffenen Mülls zu verhindern.

Dieses System besitzt den Vorteil großer Einfachheit
und damit größter Betriebssicherheit. Es ist hinsichtlich der

Abb. 9. Bunkeranlage und Beschickboden der Müllverbrennungsanstalt »Toulouse«.

Anlage-, Betriebs- und Unterhaltungskosten billiger als das
System I und hat auch den Vorzug einer besseren Anpassungs-
möglichkeit an die üblichen Müllabfuhrsysteme. Endlich gewährt dieses System auch die Möglichkeit mit Hilfe des Greifers
in bequemer Weise den in seiner Zusammensetzung stark schwankenden Müll gleichmäßig durchzumischen und aufzulockern.

Das in zahlreichen älteren Anlagen eingeführte Mani-
pulationssystem des Mülls in abhebbaren Müllgefäßen von
ganz bestimmtem Inhalt, welche unmittelbar in die Beschik-
kungsvorrichtungen der Öfen entleert werden, ist sowohl vom
wärmetechnischen Standpunkt mit Rücksicht auf die stark
schwankende Müllzusammensetzung, als auch im Interesse
einer raschen Abfertigung der Müllabfuhrwägen und damit eines
wirtschaftlichen Müllabfuhrbetriebes abzulehnen.

---

[1]) z. B. Müllverbrennungsanlage Toulouse.

Schlußwort zu Kapitel 11/3.

Die Empfangs- und Transportanlagen einer Müllverbrennungsanstalt müssen mit Rücksicht auf den Einfluß, den sie sowohl auf die Wirtschaftlichkeit des Abfuhr- und Feuerungsbetriebes als auch auf die Höhe der Anlagekosten besitzen, möglichst leistungsfähig sein bei gleichzeitiger größter Betriebssicherheit. Sie müssen ferner einen hygienisch einwandfreien Betrieb ermöglichen. Diesen Anforderungen kann durch die als System I und II bezeichneten Verfahren entsprochen werden, wobei man im allgemeinen aus betriebstechnischen und wirtschaftlichen Gründen anwenden soll:

System I: im Falle eine Vorbehandlung des Mülls in einer zwischen Empfangshalle und Ofenhaus einzuschaltenden mechanischen Siebanlage beabsichtigt ist,

System II: im Falle die Verbrennung des Gesamtmülls ohne dessen Vorbehandlung in einer besonderen Siebanlage beabsichtigt ist.

In vielen Fällen wird es zweckmäßig sein eine Kombination der Systeme I und II derart vorzunehmen, daß der unmittelbar in die Großbunker entleerte Müll mittels Greifer einem System von Transportbändern oder Schüttelrinnen aufgegeben wird, um einer Siebanlage oder lediglich einer Enteisenungsanlage und hierauf dem Ofenhaus zugeleitet zu werden. In diesem Fall können die im Ofenhaus unterzubringenden Müllbunker entsprechend kleiner dimensioniert werden, wobei man sich lediglich nach der Leistung des angewendeten Ofensystems zu richten hat.

4. Müllofen- und Kesselanlage.

(Allgemeines.)

Jeder Müllofen weist als wesentliche Bestandteile einen mit feuerfester Steinen (Schamotte) ausgekleideten Feuerraum, ferner einen Rost auf welchem die Verbrennung stattfindet und schließlich die Vorrichtungen zum Beschicken und Entschlacken des Rostes auf. Die meisten Müllofenkonstruktionen besitzen ferner eine an den Feuerraum angeschlossene Verbrennungskammer, wo eine Mischung und Nachverbrennung der Heizgase auf ihrem Wege zum Kessel, sowie eine teilweise Ausscheidung der mitgeführten Flugasche, erfolgt. Zur Ofenanlage ist auch das Gebläse zu rechnen, welches zur Erzeugung der notwendigen Verbrennungsluft (Unterwind) dient.

Je nach der Bauart und Anordnung der oben angeführten hauptsächlichen Bestandteile eines Müllofens hat man folgende Systeme zu unterscheiden:

a) Zellenöfen,
b) Schachtöfen,
c) Müllverbrennungsöfen mit mechanischer Rostkonstruktion und kontinuierlichem Feuerungsbetrieb.

Bevor ich zur Besprechung der Müllofensysteme selbst übergehe, soll vorerst auf die Bedingungen hingewiesen werden, welche an eine zeitgemäße Müllfeuerungsanlage gestellt werden müssen, sowie die in Frage kommenden Systeme der Rostbeschickung und Rostentschlackung, mit Rücksicht auf ein besseres Verständnis und eine bessere Übersichtlichkeit, in einem besonderen Absatz erläutert werden.

Die Anforderungen, denen eine neuzeitliche Müllofenanlage entsprechen muß, können wie folgt zusammengefaßt werden:

1. Es muß eine vollkommene Verbrennung gewährleistet sein, welche sich darin ausdrückt, daß der Gehalt der Schlacken an Unverbranntem im Mittel nicht mehr als 3% und der Kohlensäuregehalt der abziehenden Rauchgase im Mittel mindestens 10% des verbrannten Müllgewichtes beträgt.

2. Die Ofentemperatur muß 700° C stets überschreiten, da nur in diesem Fall mit geruchlosen Rauchgasen gerechnet werden kann. Im Mittel soll sie mindestens 900° C betragen.

3. Es muß bei einem unteren Heizwert des Mülls von 1000 WE dessen Verbrennung ohne Zusatz hochwertiger Brennstoffe noch möglich sein und hierbei aus 1 kg Müll 0,7 kg Dampf von 100° C erzeugt werden können.

4. Beschickung und Entschlackung des Rostes muß auf hygienisch einwandfreie Art erfolgen. Auch dürfen die abziehenden Rauchgase die nähere und weitere Um-

gebung keinesfalls durch Staub belästigen, was sich
darin ausdrückt, daß ein Staubgehalt von höchstens
0,1 g je 1 kg Rauchgase nachzuweisen ist.
5. Die Anlage-, Betriebs- und Unterhaltungskosten sollen
möglichst gering sein.

Gegenstand der folgenden Absätze soll nun sein zu unter-
suchen, durch welche Bau- und Betriebsart der Müllöfen die
oben angeführten Anforderungen in höchstem Maße erfüllt
werden können.

5. Rostbeschickung.

Die Rostbeschickung erfolgte bei den alten Müllverbrennungsöfen unter Anlehnung an die einfachsten Formen eines
Herdes derart, daß der Müll in der Ofenhalle entladen und
dann mittels Schaufeln auf den Rost geworfen wurde. Dies
geschah durch eine Öffnung, welche an der Vorder- oder Rückseite der Öfen in Höhe des Rostes vorgesehen war. Man ging
im Laufe der weiteren Entwicklung zur Rostbeschickung von
oben über, wobei der Müll auf der oberen Ofenplattform entleert und von Arbeitern mittels Haken in die Beschickungs-
schächte der Öfen gestopft wurde.

Es muß nicht besonders hervorgehoben werden, daß diese
Beschickungssysteme denkbar unhygienisch aber auch vollkommen unwirtschaftlich sind. Sie erfordern viel teuere Handarbeit und nehmen viel Zeit in Anspruch, so daß durch das
Eindringen großer Mengen kalter Luft in den Feuerraum erhebliche Wärmeverluste verursacht werden.

Die immer größeren Ansprüche der Hygiene, sowie die
Notwendigkeit der Leistungssteigerung der Müllöfen, führten
alsbald zur mechanischen Beschickung. Diese erfolgt
entweder

a) periodisch oder b) kontinuierlich.

a) Periodische Rostbeschickung.

Man versteht darunter die in gewissen Zeitabschnitten
erfolgende Beschickung des Rostes mit einer ganz bestimmten,
der Rostleistung angepaßten Müllmenge, welche man als
»Ofencharge« zu bezeichnen pflegt.

Die Konstruktion von periodisch arbeitenden, mechanischen Beschickungsapparaten sind außerordentlich zahlreich und es hätte daher keinen Wert alle bis jetzt angewandten Bauarten einer eingehenden Prüfung zu unterziehen. Es soll vielmehr lediglich auf das Prinzip eines solchen Apparates hingewiesen werden.

Jede Bauart (Abb. 10) wird im wesentlichen einen über der Beschickungsöffnung des Ofens angeordneten meist gußeisernen Schacht (2) aufweisen, der am unteren und zweckmäßigerweise auch am oberen Ende einen dicht schließenden, vom Heizerstand aus zu bedienenden Verschluß (3) von beliebiger Konstruktion besitzt. Der Betrieb geht so vor sich, daß der Müll zunächst in einen über dem oberen Schachtverschluß angeordneten meist gußeisernen Trichter (1) bzw.Bunker gebracht wird, aus welchem er durch entsprechende Bedienung der Schachtverschlüsse zunächst in den Schacht selbst und von hier auf den Rost gelangt.

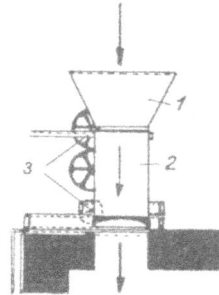

Abb. 10.
- Periodischer Beschickungsapparat.
1 Mülltrichter, 2 Müllschacht,
3 Verschlüsse.

Zweck dieser mechanischen Beschickungsapparate ist es die unhygienische und teuere Handarbeit auszuschalten und durch Einschränkung der Beschickungsdauer auf ein möglichst geringes Maß, die im Falle der Handbeschickung unvermeidlichen hohen Wärmeverluste möglichst auszuschließen.

b) Kontinuierliche Rostbeschickung.

Man versteht darunter die selbsttätige, dauernde Beschickung des Rostes mit kleineren Müllmengen.

Dieses kann entweder nach System Vesuvio (Abb. 11) mittels einer freitragenden rotierenden Schnecke (2) erfolgen, welche in ein gußeisernes Gehäuse eingebaut wird und den unteren Abschluß eines Mülltrichters bzw. eines Müllbunkers (1) bildet, oder aber nach System Musag durch Anwendung eines selbsttätigen Schiebers in Verbindung mit einem mechanischen Aufgaberost (Abb. 12).

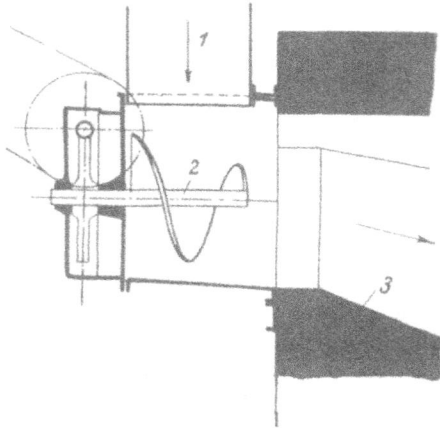

Abb. 11. Kontinuierlicher Beschickungsapparat:
1 Mülltrichter, *2* Beschickschnecke, *3* Vortrocknungsstufe.

Ein großer Vorzug der kontunierlichen Beschickungsverfahren — und dies gilt ganz besonders von den B e s c h i c k - s c h n e c k e n — ist darin begründet, daß sie einerseits die Auflockerung des Mülls und dessen Vortrocknung auf den Beschickschnecken vorgebauten Vortrocknungsstufen bzw. auf dem Aufgaberost ermöglichen und anderseits die Regelung der Brennstoffhöhe auf dem Rost gestatten.

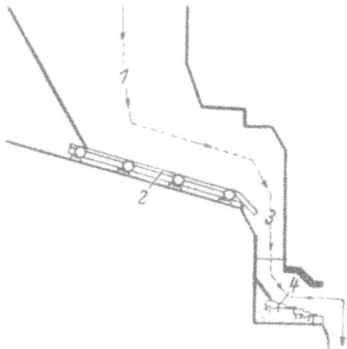

Abb. 12. Kontinuierlicher Beschickungsapparat System »Musag«:
1 Müllbunker, *2* Selbsttätiger Schieber, *3* Müllschacht, *4* Mechan. Aufgaberost.

Es sei noch darauf hingewiesen, daß sich die Vesuvio G. m. b. H. ein neues kontinuierliches Beschickungsverfahren hat patentieren lassen, welches eine weitgehendere Auflockerung des Mülls vor seiner Verbrennung und dessen bessere Vortrocknung dadurch ermöglicht, daß unter der großen Beschickungsschnecke noch zwei gegenläufig bewegte sog. Vortrocknungsschnecken von kleinerem Durchmesser Verwendung finden (Abb. 13). Dieses Beschickungsverfahren ist bereits in einer neuen von der Vesuvio G. m. b. H. für die Fiatwerke in Turin gebauten Zellenofenanlage erfolgreich angewendet worden.

Schlußwort zu Kapitel 11/5.

Für eine hygienisch einwandfrei und wirtschaftlich arbeitende Müllofenanlage kommt lediglich ein mechanisches Rostbeschickungsverfahren in Frage. Erst hierdurch ist eine beliebige Steigerung der Ofenleistung und damit die Erhöhung der Wirtschaftlichkeit der Müllverbrennung möglich. Was die Entscheidung über die Wahl des Systems anbelangt, so muß im allgemeinen — sofern etwa die Bau- und Betriebsart des Müllofens (z. B. Schachtöfen) nicht gegenteilige Maßnahmen erforderlich macht — dem kontinuierlichen Rostbeschickungsverfahren gegenüber dem periodischen ein großer Vorzug zuerkannt werden, mit Rücksicht auf die vorhandene Möglichkeit den Müll vor seiner Verbrennung aufzulockern und vorzutrocknen, wodurch ein wesentlich besserer Feuerungswirkungsgrad erzielt werden kann.

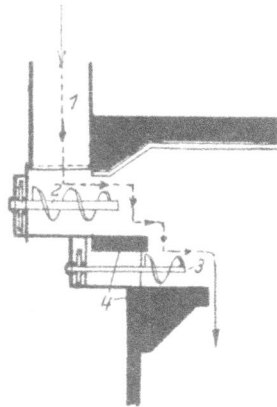

Abb. 13.
Kontinuierlicher Beschickungsapparat, System »Vesuvio«:
1 Mülltrichter, 2 Beschickschnecke, 3 Vortrocknungsschnecken, 4 Vortrocknungsstufen.

6. Rostentschlackung.

Eine noch größere Beachtung als der Beschickung gebührt der Entschlackung des Rostes. Es handelt sich hierbei um die Manipulationen einer glühenden Masse, welche durch strahlende Wärme sowie durch Rauchentwicklung eine große Gefahr für die Gesundheit der beschäftigten Arbeiter bedeutet.

Die Rostentschlackung wurde bei den älteren Müllofenkonstruktionen von Hand vorgenommen. Dies geschah mit

Hilfe schwerer Feuerhaken, welche eine Länge bis zu 3 m und ein Gewicht bis zu 60 kg aufzuweisen hatten. Der glühende bis zu 60 cm hohe Schlackenkuchen, der sich auf dem Roste gebildet hatte, mußte erst zerschlagen und dann in einen vor die Ofentür gefahrenen Schlackenwagen gezogen und weggeschafft werden. Der beschriebene Entschlackungsprozeß nahm viel Zeit in Anspruch und verursachte daher bedeutende Wärmeverluste. Auch mußten infolge der schwierigen und gefährlichen Arbeit an die Heizer erhebliche Arbeitslöhne entrichtet werden.

Die Rostentschlackung von Hand ist somit nicht nur unhygienisch, sondern auch vollkommen unwirtschaftlich.

Halbmechanische Rostentschlackung.

Im Bestreben, den wachsenden hygienischen und wirtschaftlichen Anforderungen gerecht zu werden, ging man alsbald, sowohl in England als auch in Deutschland, zur Mechanisierung des Entschlackungsprozesses über.

Zunächst wurde in beiden Ländern eine teilweise Mechanisierung dadurch erzielt, daß eine mit Winden oder Spitzen und am vorderen Ende mit einem Haken versehene eiserne Stange jedesmal auf den gereinigten Rost gelegt wurde, auf welcher sich dann der Schlackenkuchen bildete. Beim Entschlacken wurde der zur Aufnahme und Abtransport der Schlacke bestimmte Entschlackungswagen vor die Ofentüre gefahren, worauf diese geöffnet und der Schlackenkuchen gemeinsam mit der Stange mittels einer Handwinde herausgezogen wurde. Wenn auch dieses System gegenüber früher einen großen Fortschritt bedeutete, so war es noch lange nicht technisch vollkommen, da es nicht immer gelang den ganzen Schlackenkuchen hervorzuziehen und man daher genötigt war erst recht auf die Handentschlackung zurückzugreifen.

Ein großer Fortschritt wurde dadurch erzielt, daß man einen Entschlackungswagen baute, dessen Bodenplatte durch mittels Kurbelantriebs betätigte Ketten bewegt werden konnte. (System Vesuvio). Beim Entschlacken wurde die Ofentüre lediglich einige Zentimeter geöffnet, hierauf die bewegliche Bodenplatte (Spieß) zwischen Rost und Schlackenkuchen eingeschoben und dann nach vollständigem Öffnen der Ofentüre

der Schlackenkuchen mit der beweglichen Platte auf den Entschlackungswagen gezogen. Beim Herausziehen des Schlackenkuchens wurde mittels eines Feuerhakens ein Teil der noch
glühenden Schlacke auf den Rost zurückgestoßen, um hier als
Zündstoff für die neue Ofencharge zu dienen.

Mit diesem Rostentschlackungsverfahren gelang es, die
Handarbeit sowie die Dauer des Entschlackungsprozesses
erheblich zu reduzieren und hierdurch bereits einen wesentlich
besseren Feuerungswirkungsgrad zu erzielen.

Mechanische Rostentschlackung.

Das Bestreben zur Rationalisierung des Müllverbrennungsbetriebes führte schließlich zur vollständigen Mechanisierung
des Entschlackungsprozesses.

So gelangten in den Müllverbrennungsanlagen System
Vesuvio in Altona und Amsterdam Rostentschlackungs-
maschinen zur Anwendung, welche die Entschlackung eben-

Abb. 14. Entschlackungsmaschine der Müllverbrennungsanstalt Amsterdam.

falls mit Hilfe einer auf einem Wagengestell angeordneten beweglichen Platte vornehmen, jedoch mit dem Unterschied, daß
die Bewegung, sowohl der Platte als auch des Entschlackungs-
wagens, durch Elektromotoren erfolgt (Abb. 14).

Nach einem grundsätzlich verschiedenen Prinzip arbeiten
die Ausdrückmaschinen (Abb. 31 und 32). Sie bestehen

im wesentlichen aus einem an der Rückseite der Öfen angeordneten, hydraulisch oder elektrisch betätigten Drücker, welcher durch Ausführung einer Translationsbewegung den Schlackenkuchen in einen vor die Ofentüre gefahrenen Schlakkenwagen ausstößt.

Letzteres Entschlackungsverfahren ist neuerdings, sowohl bei Schachtofenkonstruktionen als auch bei Zellenöfen, mit gutem Erfolge angewendet worden.

Die eben besprochenen mechanischen Entschlackungsmaschinen ermöglichen die Durchführung der Rostentschlakkung in der kurzen Zeit von 20 bis 60 Sekunden bei gleichzeitiger weitgehender Ausschaltung der teueren Handarbeit. Sie führen somit zu einer bedeutenden Verbesserung des Feuerungswirkungsgrades, einer erheblichen Steigerung der Ofenleistung und damit der Wirtschaftlichkeit des betreffenden Müllofensystems. Ein Nachteil ist ihnen jedoch vom hygienischen Standpunkt aus zuzuschreiben, welcher darin besteht, daß die Schlackenaustragung innerhalb der Ofenhalle erfolgt, wodurch die Gesundheit der dort beschäftigten Arbeiter durch Wärmeausstrahlung und Rauchentwicklung der glühenden Verbrennungsrückstände in bedenklicher Weise gefährdet wird.

Die hygienischen Mängel der besprochenen mechanischen Rostentschlackungsverfahren können beseitigt werden. Bei Zellenöfen durch Anwendung von beweglichen Rostkonstruktionen, welche den Schlackenabwurf bei geschlossener Ofentüre nach einem unter Ofenflur befindlichen Raume ermöglichen. Bei Schachtöfen, indem man unter Beibehaltung der bewährten Ausdrückmaschinen die Schlackenaustragung durch einen unterhalb der Rostkonstruktion angeordneten Schlackenrumpf (Schlackenausbrennraum) ebenfalls nach einem unter Ofenflur gelegenen Raume vornimmt[1]).

Bei beweglichen Rostkonstruktionen ist vorgesehen entweder

    1. beim System Brechot eine Rotationsbewegung des korbförmig ausgebildeten Rostes (s. auch S. 83),

    2. beim System Sepia, sowie Heenan und Froude, eine Translationsbewegung der Bodenplatte (dem eigent-

---

[1]) Siehe hierzu auch S. 102.

lichen Rost), wobei der Schlackenkuchen mittels eines Kratzers abgestreift wird (s. auch S. 86 und 88).

Die hygienischen Vorzüge dieser Art der Rostentschlackung werden auch durch wärmetechnische Vorteile ergänzt. Diese bestehen darin, daß einerseits die Ofentüre während des Entschlackungsprozesses geschlossen bleibt, somit die Wärmeverluste noch weiter verringert werden, anderseits die in den glühenden Schlacken enthaltene Wärme zum Teil in bequemer Weise dadurch nutzbar gemacht wird, daß der Schlackenkuchen während einer ganzen Brennperiode in einem unter dem Rost angeordneten Schlackenausbrennraum zurückgehalten wird und so zur Vorwärmung der Verbrennungsluft in verschiedener Weise herangezogen werden kann.

Kontinuierliche selbsttätige Entschlackung.

Während sich die besprochenen Entschlackungsverfahren auf periodisch betriebene Müllöfen beziehen, sind neuerdings zwei deutsche Müllofensysteme mit kontinuierlichem Ofenbetrieb aufgekommen. Bei diesen erfolgt die Schlackenaustragung selbsttätig und kontinuierlich dadurch, daß einzelne Roststäbe bzw. Roststufen eine stetige, langsame Bewegung ausführen, wodurch die Schlackenmasse immer wieder durchbrochen und gleichzeitig nach vorwärts bewegt wird, um am Ende des Rostes selbsttätig in kleineren Stücken von etwa Faust- bis Kopfgröße abgeworfen zu werden.

Die Vorzüge dieses Entschlackungssystems sollen zweckmäßigerweise bei der Besprechung der Rostkonstruktionen selbst erörtert werden (s. S. 104).

Schlußwort zu Kapitel 11/6.

Dem Rostentschlackungsverfahren der Müllverbrennungsöfen ist eine sehr große Bedeutung beizumessen, da von dessen Vollkommenheit ein guter Feuerungswirkungsgrad und damit ein wirtschaftlicher Ofenbetrieb im hohen Maße abhängig ist. Vollkommen in hygienischer, technischer und wirtschaftlicher Beziehung kann ein Rostentschlackungsverfahren nur dann sein, wenn die Schlackenaustragung einerseits nach einem unter Ofenflur befindlichen Raume erfolgt und anderseits vollkommen mechanisch vorgenommen werden kann. Diese Bedingungen werden erfüllt:

Bei Zellenöfen durch Anwendung beweglicher Rostkonstruktionen, wobei entweder eine Translationsbewegung des Zellenbodens oder eine Rotationsbewegung des korbförmig ausgebildeten Rostes vorgesehen werden kann.

Bei Schachtöfen mit Ausdrückmaschinen durch Anordnung eines Schlackenrumpfes (Schlackenausbrennraum) unterhalb der Rostkonstruktion.

Bei Müllöfen mit kontinuierlichem Ofenbetrieb durch selbsttätige und ununterbrochene Schlackenaustragung mittels eines mechanisch arbeitenden Rostes.

7. Müllverbrennungsöfen.

a) Zellenöfen.

Sie sind die ursprüngliche Form der Müllverbrennungsöfen und dadurch entstanden, daß man aus rein technischen Gründen, mit Rücksicht auf die von Hand schwer durchzuführende Schür- und Entschlackungsarbeit, bei der Wahl der Rostflächengröße an gewisse Grenzen gebunden war. Es war nun naheliegend eine möglichst große, von Hand noch entschlackbare Rostfläche — im allgemeinen bis zu 3 m² — zu wählen und mehrere mit einem solchen Rost versehene Öfen, die man dann Zellen nannte, dadurch zu einem größeren Ofenblock zusammenzufassen, daß man sie zunächst an einen gemeinsamen Rauchkanal und im Laufe der weiteren Entwicklung an eine gemeinsame Verbrennungskammer anschloß.

Die Anordnung der Zellen kann nun entweder derart getroffen werden, daß diese Rücken an Rücken oder alle Zellen nebeneinander zu liegen kommen. In beiden Fällen ist es aus betriebstechnischen Gründen notwendig, daß die einzelnen Zellen zu verschiedenen Zeiten neu beschickt werden. Es wird dadurch erreicht, daß sich zur selben Zeit der Müll in einer Zelle in Weißglut befindet, während in der zweiten Zelle der Verbrennungsprozeß eben anfängt und in der dritten Zelle erst der Rost beschickt wird. Temperaturausgleich und Nachverbrennung der Verbrennungsgase erfolgt hierbei im gemeinsamen Rauchkanal bzw. bei den neueren Ofenkonstruktionen in der allen Ofenzellen gemeinsamen Verbrennungskammer.

Die Zuleitung der notwendigen Verbrennungsluft (Unterwind), wozu ausschließlich Trockenluft angewendet wird,
erfolgt für jeden einzelnen Zellenrost mittels einer besonderen
regelbaren Leitung.

Die oben beschriebene Anordnung kann als das System
der isolierten Zellen bezeichnet werden, da jede einzelne
Zelle von der anderen unabhängig ist und ihre Abgase durch einen
eigenen Abzug in einen gemeinsamen Gasmischraum abgibt.

Die weitere Entwicklung führte dazu, daß man die Mischung der Abgase der einzelnen Zellen in einem über ihren
Rosten gelegenen gemeinsamen Raum vornahm, um sie dann
durch einen einzigen Abzug in eine sekundäre Verbrennungskammer zu führen, welche entweder seitlich oder zweckmäßiger
in der Symmetrieachse des Ofenblockes angeordnet werden kann.

Zunächst wurde, wie dies in der Müllverbrennungsanlage
der Stadt Frederiksberg in Dänemark geschehen ist, eine
kleine Trennungsmauer zwischen den einzelnen Rostflächen
beibehalten. Diese Trennungsmauer wurde dann bei dem
kontinuierlichen Rost System Meldrum ganz weggelassen
(Abb. 15). Der kontinuierliche Rost, der trotz seiner Mängel

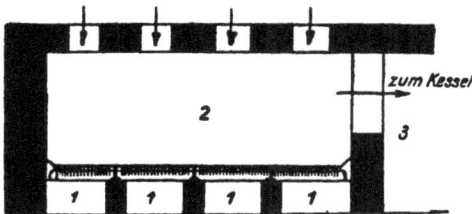

Abb. 15. Kontinuierlicher Rost: *1* Rostsektionen,
2 Gasmischraum (Feuerraum), *3* Sekundäre Verbrennungskammer.

große Verbreitung gefunden hatte, weist eine Rostfläche bis zu
10 m² auf, welche in einzelne Sektionen (*1*) eingeteilt ist, insoferne als jede einzelne getrennt beschickt und entschlackt wird,
sowie einen getrennten Aschenfall besitzt. Der Rost besteht aus
einer großen Anzahl engliegender Roststäbe (Spaltrost), und
jeder einzelnen Rostsektion wird die Verbrennungsluft durch
eine eigene Leitung zugeführt. Die Beschickung der Rostsektionen erfolgt auch hier wechselweise.

Als hauptsächlicher Nachteil des kontinuierlichen Rostes ist das gänzliche Fehlen räumlicher Zwischenteilung anzuführen, wodurch die Bildung eines zusammenhängenden Streifens von Schlacke auf der gesamten Rostfläche unvermeidlich ist. Hierdurch wird aber die Entschlackung, die mechanisch gar nicht durchgeführt werden könnte, sehr erschwert und führt somit zu großen Wärmeverlusten.

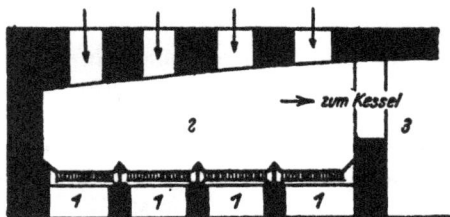

Abb. 16. Reihenrost: *1* Rostsektionen, *2* Gasmischraum (Feuerraum), *3* Sekundäre Verbrennungskammer.

Eine wesentliche Verbesserung hat der Müllverbrennungsofen mit kontinuierlichem Rost durch den Reihenrost (Abb. 16) erfahren, bei welchem die Kontinuität der Rostfläche durch Erhöhung des Rostes an dessen Stützpunkten unterbrochen wird.

Wie aus der oben geschilderten Entwicklung der Zellenöfen zu ersehen ist, hat man grundsätzlich zwischen zwei Systemen zu unterscheiden.

1. System der isolierten Zellen.
2. Zellenöfen mit über den Rostsektionen liegenden Mischraum der Verbrennungsgase und deren gemeinsamen Ableitung nach einer sekundären Verbrennungskammer.

Was beide Zellenofensysteme gemein haben, ist die bereits beschriebene wechselweise Beschickung der zu einem Ofenblock vereinigten Roste aus welcher Betriebsweise sich auch die Notwendigkeit ergibt, jedem Rost die Verbrennungsluft durch eine eigene regelbare Leitung zuführen zu können, um hierdurch die Möglichkeit zu besitzen, die dem Brenngut zugeführte Luftmenge dem jeweiligen Luftbedarf anzupassen.

Im Laufe der Zeit sind nach diesen beiden Systemen eine ganze Reihe von Müllofenkonstruktionen entwickelt worden, deren vielfach sehr geringe und unwesentliche Unterschiede sich auf die Rostkonstruktion, die Zufuhr der Verbrennungsluft, die Ableitung der Verbrennungsgase und die bereits besprochene Beschickung und Entschlackung des Rostes beziehen.

Um auf die Entwicklung der isolierten Zellenöfen zurückzukommen, muß hervorgehoben werden, daß bei dem ersten Müllverbrennungsofen Bauart Fryer in London-Bethersey und den daraus hervorgegangenen zahlreichen alten englischen Systemen, die Zellen Rücken an Rücken angeordnet und an einen zwischen ihnen liegenden Rauchkanal angeschlossen waren. Als typischer Vertreter dieser Müllofengruppe sei hier der Horsfallofen deshalb angeführt, weil er in verbesserter Form auch auf dem europäischen Kontinente, und zwar in Hamburg, Brüssel, Monte-Carlo und Zürich Verwendung gefunden hat[1]).

Wie aus Abb. 17, welche einen Querschnitt durch eine Horsfallzelle der alten Züricher Müllverbrennungsanlage darstellt, hervorgeht, kommt ein Planrost (3) zur Anwendung, welcher aus einer großen Anzahl gußeiserner, engliegender Roststäbe von 1,82 m Länge besteht. Der Rost ist nach der Ofentüre zu etwas geneigt und setzt sich nach hinten in eine Vortrocknungsstufe (2) fort. Die Rostfläche beträgt etwa 2,78 m². Die Seitenwände sind bis zur Höhe der Brennstoffschicht mit luftgekühlten gußeisernen Kästen besetzt, um ein Anbacken der glühenden Schlacke an das Mauerwerk zu verhindern. Beschickung und Entschlackung erfolgt von Hand.

Je zwei mit dem Rücken aneinander stoßende Zellen haben eine gemeinsame Füllöffnung (1). Die erforderliche Verbrennungsluft wird oberhalb der Ofentüren bei (6) zwecks gleichzeitiger Lüftung der Ofengänge angesaugt und mit einem Druck von etwa 40 mm WS unter die Roste gedrückt,

---

[1]) Die Horsfallanlagen in den angeführten Städten sind bereits sämtliche außer Betrieb. Ihre Stillegung erfolgte jedoch zum größten Teil erst nach dem Kriege, weil der heizwertarme Nachkriegsmüll in ihnen nicht mehr wirtschaftlich verbrannt werden konnte.

wobei die eingeführte Luftmenge für jede Zelle durch ein Ventil (*10*) geregelt werden kann. Die Verbrennungsgase, welche eine Temperatur von 500⁰ bis 700⁰ C besitzen, werden durch den gemeinsamen Rauchkanal (*11*) den Kesseln oder direkt dem Kamin zugeführt. Die Leistung dieser Müllverbrennungsöfen beträgt 170 bis 200 kg Müll je Stunde und Quadratmeter Rostfläche.

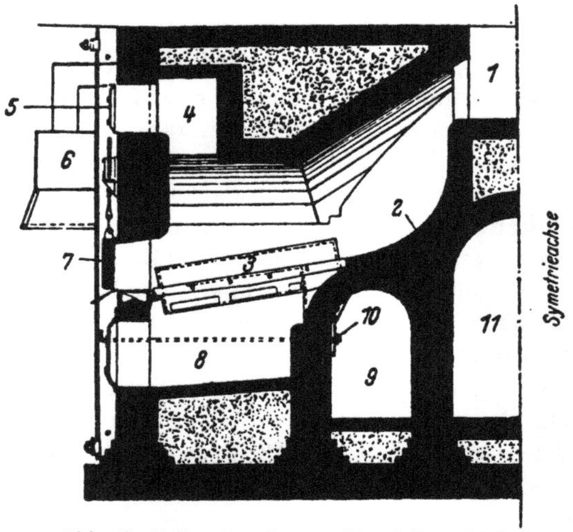

Abb. 17. Zellenofen System »Horsfall«: *1* Einfüllschacht, *2* Vortrocknungsstufe, *3* Rostkonstruktion, *4* Kreuzkanal, *5* Putzloch, *6* Unterwind-Saugleitung, *7* Ofentür, *8* Aschenfall, *9* Unterwindkanal, *10* Luftventil, *11* Rauchkanal.

Die geringe Leistung und der erfahrungsgemäß geringe Wirkungsgrad der Horsfallanlagen, sowie der zahlreichen ähnlich gebauten englischen Müllfeuerungsanlagen, ist auf die unvorteilhafte Zellenanordnung, sowie auf die mangelhafte Rostkonstruktion und Rostbedienung zurückzuführen, welche zu großen Wärmeverlusten einerseits im Rauchkanal und anderseits in der Feuerung selbst führten. Auf Grund eingehender Versuche, welche in der alten Horsfallanlage der Stadt Zürich im Jahre 1920 angestellt wurden, sind allein die Wärmeverluste in der Feuerung und im Rauchkanal zu 36,2% der theoretisch erzeugbaren Wärmemenge ermittelt worden.

Die Erkenntnis dieser Tatsache führte dazu, daß man in der weiteren Entwicklung die Zellen nebeneinander anordnete und mit den Kesseln zu einheitlichen Aggregaten zusammenbaute, wobei zwischen Kessel- und Ofenanlage eine allen Ofenzellen gemeinsame Verbrennungskammer eingeschaltet wurde. Zur Verbesserung des Wirkungsgrades sollte auch durch Vervollkommnung der Rostkonstruktionen beigetragen werden.

Die Rostfrage wurde sowohl in England als auch in einigen Ländern des Kontinentes durch Anwendung eines M u l d e n - r o s t e s mit gußeisernen hohlen Seitenwänden, gußeiserner hohler Rückwand und gußeiserner hohler Bodenplatte gelöst. Die Hohlräume sind für die Zirkulation der Verbrennungsluft vorgesehen. Bei dem englischen Muldenrost System H e e n a n und F r o u d e bestreicht die Verbrennungsluft die ganze Muldenrostfläche gleichmäßig und tritt durch eine Anzahl von Düsen, welche sowohl in den Seitenwänden als auch in der Bodenplatte vorgesehen sind, in den Feuerraum ein. Der Druck der Verbrennungsluft beträgt 100 bis 150 mm WS.

Bei den deutschen Muldenrostkonstruktionen System H e r b e r t z - V e s u v i o (Abb. 18), sowie dem französischen System B o u s s a n g e , wird die Verbrennungsluft zunächst in den hinteren Rostkasten eingeleitet, durchströmt hierauf die Seitenwände (1), um dann in die hohle Bodenplatte (2) und von hier durch Düsen in den Feuerraum einzudringen. Der Druck der Verbrennungsluft beträgt bei beiden Systemen 300 bis 400 mm WS.

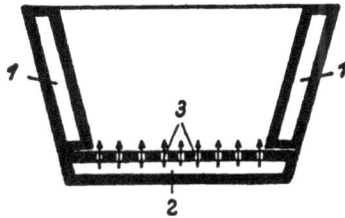

Abb. 18. Einfacher Muldenrost: 1 Seitenwände, 2 Bodenplatte, 3 Düsen.

Durch diese Art der Luftzuführung wird einerseits eine wirksame Kühlung der Rostwände erzielt und damit das Anbacken der Schlacke verhindert, sowie anderseits die Verbrennungsluft entsprechend vorgewärmt. Ferner wird durch die Anwendung von Düsen, im Gegensatz zum Spaltrost, eine praktisch gleichmäßige Verteilung der Verbrennungsluft im Brenngut erzielt.

Der Grundriß dieser Muldenroste ist trapezförmig und
zwar nach hinten etwas enger, so daß der Schlackenkuchen
leichter entfernt werden kann. Sie sind mit dem Mauerwerk
nicht verankert, sondern bilden vielmehr von diesem vollständig unabhängige Teile, so daß die durch die Temperatur-
schwankungen hervorgerufenen Längenänderungen auf das
Mauerwerk nicht zerstörend wirken können.

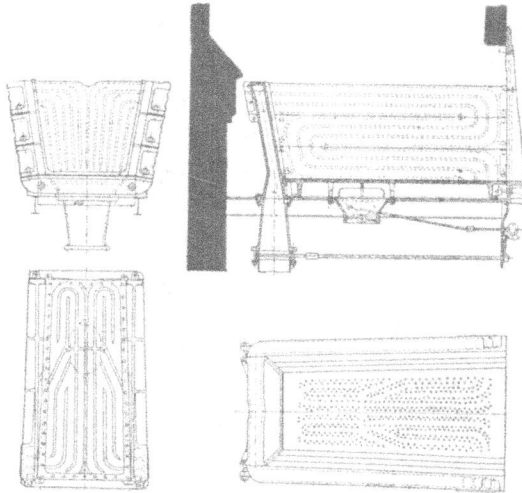

Abb. 19. Muldenrost System »Vesuvio« in der Müllverbrennungsanstalt Amsterdam.

Die Muldenroste zeichnen sich infolge ihrer gründlichen
Kühlung durch große Haltbarkeit aus und haben sich feuerungstechnisch in einer Reihe von Müllverbrennungsanlagen gut
bewährt.

Es sei noch auf eine besondere Muldenrostkonstruktion
»System Vesuvio« hingewiesen, die in Abb. 19 abgebildet ist.
Sie weicht von dem oben besprochenen einfachen Muldenrost
dadurch ab, daß die hohlen Seitenwände aus je drei übereinander liegenden gußeisernen Kästen bestehen, von denen jeder
wiederum in drei Längskanäle unterteilt ist. Die Verbrennungsluft durchströmt nun zunächst ebenfalls die hohle Rückwand
und dann die drei Seitenkästen nacheinander von oben nach

unten, um dann unter die hohle Bodenplatte und von hier durch Düsen in den Feuerraum einzudringen.

Zweck dieser Anordnung ist es, eine bessere Luftvorwärwärmung zu erzielen, was jedoch durch einen höheren Kraftbedarf erkauft werden muß, da dieser Rost mit der außerordentlich großen Windpressung von 800 mm WS betrieben werden muß, wenn eine ausreichende Kühlung der Rostteile erreicht werden soll. Er wurde in der Müllverbrennungsanlage der Stadt Amsterdam angewendet und ist dort auch gegenwärtig noch mit gutem feuerungstechnischem Erfolg im Betrieb.

Die Ausmaße der Muldenroste mußten, solange noch keine mechanische Entschlackungsmaschinen vorhanden waren, aus feuerungstechnischen Gründen auf ein möglichst kleines Maß beschränkt werden. Bei dem Muldenrostsystem Herbertz-Vesuvio beträgt die Rostfläche lediglich 0,9 m². Diese kleinen Dimensionen sind teilweise auf den Wunsch zurückzuführen, die Entschlackung möglichst leicht mittels Handarbeit noch durchführen zu können und eine gute Schürung des Brenngutes zu ermöglichen. Nachdem es gelungen war brauchbare Entschlackungsmaschinen zu konstruieren, hatte man auch keinen Grund mehr an derart kleinen Rostflächen festzuhalten. So ist man denn unter anderem in der neuen im Jahre 1927 erbauten und mit Muldenrosten System Boussange ausgestatteten Müllverbrennungsanlage Paris-Issy-les-Moulineaux, zu einer Rostflächengröße von 1,275 m² übergegangen. Eine weitere Vergrößerung ist m. E. mit Rücksicht auf die erforderliche Möglichkeit einer guten Schürung des Brenngutes nicht zu empfehlen.

Die Muldenroste wurden ursprünglich von Hand bedient. Im Laufe der weiteren Entwicklung wurde jedoch Beschickung und Entschlackung mechanisiert. Für die Rostentschlackung sind Entschlackungsmaschinen mit auf den Rost gelegter Stange[1]) sowie mit beweglicher Bodenplatte[2]), und neuerdings

---

[1]) Angewendet nach System Heenan & Froude u. a. in der gegenwärtig noch in Betrieb befindlichen Müllverbrennungsanlage Paris-St. Quen, sowie der inzwischen stillgelegten Müllverbrennungsanlage System Herbertz in Frankfurt a. M.

[2]) Angewendet u. a. in dem noch in Betrieb befindlichen Anlagen in Amsterdam, Leiden und Altona (System Vesuvio).

auch Ausdrückemaschinen [1]) angewendet worden. Ihre Beschickung erfolgt periodisch mit Ausnahme der Muldenroste System Vesuvio, bei welchen Beschickschnecken zur Anwendung kommen.

Die Muldenroste haben zumal bei Anwendung der kontinuierlichen Rostbeschickung und vollkommenen Entschlakkungsmaschinen in einer großen Anzahl von Anlagen gute Ergebnisse gezeigt. Die günstige Luftzufuhr durch Düsen bei verhältnismäßig hoher Pressung, sowie die erreichbare Luftvorwärmung ermöglicht einen guten Verbrennungsprozeß. Die Ofentemperaturen betragen 800° C bis 1100° C und die Rostanstrengung bis zu 1200 kg Müll je Stunde und Quadratmeter Rostfläche. Diese Werte werden bei einem Müllheizwert von etwa 1200 WE ohne Kohlenzusatz erzielt.

Nicht befriedigend sind diese Rostkonstruktionen in hygienischer Beziehung, da die Schlackenaustragung innerhalb der Ofenhalle erfolgen muß.

In diesem Zusammenhang soll noch auf den wegen seiner abweichenden Bau- und Betriebsart bemerkenswerten Muldenrost System Humboldt [2]) hingewiesen werden (Abb. 20). Dieser gliedert sich in einen Haupt- und Vorrost. Der Hauptrost (2) ist senkrecht unterhalb der Beschicköffnung (3) angeordnet und nimmt somit die periodisch beschickte Müllmenge zunächst auf. Die benötigte Verbrennungsluft bestreicht zunächst die eingebaute Kühlkonstruktion des Rostes, wodurch dieser wirksam gekühlt und gleichzeitig die Luft vorgewärmt wird. Die Einleitung der vorgewärmten Verbrennungsluft erfolgt mit einem Druck von 350 bis 400 mm WS [3]) durch Düsen in den Seitenwänden. Nachdem die Sinterung des Schlackenkuchens auf dem Hauptrost eingetreten ist, wird dieser auf den Vorrost (1) gezogen, wo er während einer zweiten Brenn-

---

[1]) Angewendet in der neuen Müllverbrennungsanstalt Paris-Issy-les-Moulineaux (System Boussange).

[2]) Angewendet in Fürth, Barmen und Aachen. Die Öfen der letzten beiden Städte sind auch gegenwärtig noch im Betrieb.

[3]) Ursprünglich wurde mit einem Druck der Verbrennungsluft bis zu 700 mm WS gearbeitet, der sich jedoch im Laufe des Betriebes, sowohl in Aachen als auch in Barmen, als zu hoch herausstellte.

periode mittels eingeblasener Luft nachverbrannt und abge-
kühlt wird. Die hierbei entstehende stark vorgewärmte Luft
streicht über die auf dem Hauptrost inzwischen nachgefüllte
Müllmenge, wodurch der Verbrennungsprozeß gefördert wird.
Durch diese Anordnung und Betriebsweise des Muldenrostes
System Humboldt wird ein guter Verbrennungsprozeß bei
hohen Temperaturen erreicht, welche sich je nach dem Müll-
heizwert zwischen 900 und 1200⁰ C bewegen. Die erzielten
Leistungen betragen je Zelle 1000 bis 1200 kg Müll in einer
Stunde bei einem Müllheizwert von 1100 WE.

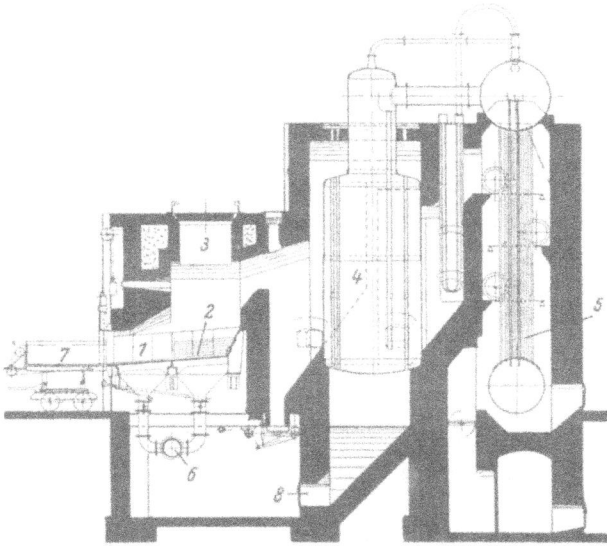

Abb. 20. Zellenofen¹ System »Humboldt«: *1* Vorrost, *2* Hauptrost,
3 Beschickung, *4* Rauchröhrenkessel. *5* Steilrohrkessel System
»Kestner«, *6* Unterwindleitung, *7* Schlackentransportwagen, *8* Flugaschenaustragung.

Ein Vorteil des Muldenrostes System Humboldt besteht
darin, daß die Schlackenwärme für die Verbrennung nutzbar
gemacht werden kann, was jedoch den Nachteil mit sich
bringt, daß der Schlackenkuchen innerhalb des Ofens bewegt
werden muß, wodurch die Anwendung der mechanischen
Entschlackung wesentlich erschwert wird. In hygienischer

Beziehung hat er ebenfalls den Nachteil, daß die Schlackenaustragung innerhalb der Ofenhalle erfolgt.

Um auf die Entwicklung der Zellenöfen mit über den
Rosten liegenden Mischraum der Verbrennungsgase und deren
gemeinsamen Ableitung nach einer sekundären Verbrennungskammer zurückzukommen, so ist eine Vervollkommnung derselben lediglich in einem Übergang vom Reihenrost zum
System der aneinander gereihten Muldenroste festzustellen. Jeder Muldenrost hat auch in diesem Fall seine eigene
regelbare Luftzuleitung, welche eine Anpassung der Luftzufuhr
an den jeweiligen Luftbedarf ermöglicht. Die Beschickung der
Roste erfolgt auch hier wie beim Reihenrost und dem isolierten
Zellensystem wechselweise.

Hiermit ist die erste große Entwicklungsperiode der Zellenöfen als abgeschlossen zu betrachten. Durch Verbindung der
Ofen- und Kesselanlage zu einheitlichen Aggregaten, sowie durch
Anwendung von mechanisch beschickten und entschlackten
Muldenrosten, ist es gelungen die geringen Leistungen der alten
englischen Müllofenkonstruktionen ganz bedeutend zu steigern
und damit auch die Wirtschaftlichkeit der Müllverbrennung
wesentlich zu erhöhen. Die Muldenroste haben den Vorzug,
daß sie eine gleichmäßige Verteilung der Verbrennungsluft und
deren Vorwärmung ermöglichen, wobei die Verbrennungsluft
gleichzeitig zur Kühlung der Rostteile herangezogen wird.
Hierdurch wird einerseits ein Anbacken von Schlacke verhindert und anderseits eine große Haltbarkeit der Roste erzielt.
Unvollkommen sind diese festen Muldenrostkonstruktionen in
hygienischer Hinsicht, da bei ihnen ausnahmslos die Schlackenaustragung innerhalb der Ofenhalle erfolgt, wobei die Arbeiter
durch Wärmeausstrahlung und Rauchentwicklung der glühenden Schlacken gefährdet sind.

Zellenöfen mit beweglicher Rostkonstruktion.

Während man in Deutschland allmählich von den Zellenöfen abrückte und zu grundsätzlich abweichenden Müllofenkonstruktionen überging, wurden in Frankreich und England
die Zellenöfen weiter entwickelt. Diese Entwicklung führte

zu beweglichen Rostkonstruktionen, und zwar in Frankreich zum System Brechot und System Sepia in England zum System Heenan und Froude.

Zellenofen System Brechot[1]).

Er gehört zum System der isolierten Zellen und weicht, sowohl was die Rostkonstruktion als auch die Bauart der Zelle anbelangt, von den anderen Zellenöfen erheblich ab.

Abb. 21. Rostkonstruktion System »Brechot«.

Der Rost (Abb. 21) ist ein pyramidenstumpfförmiger Korb mit gußeisernen hohlen Seitenwänden und einer gußeisernen hohlen Bodenplatte von 1,26 m² Flächeninhalt. Er ist mittels zweier hohler Drehzapfen auf ein Wagengestell gelagert und kann somit einerseits um eine horizontale, zur Ofentüre senkrecht gelagerte Achse rotieren und anderseits, wenn es für Ausbesserungsarbeiten notwendig sein sollte, aus der Zelle herausgefahren werden. Die jeweilige Lage des Rostes wird durch einen Zeiger angedeutet, welcher auf einer mit dem der Ofenfront zugekehrten Drehzapfen fest verbundenen Scheibe angebracht ist.

Die Zuleitung der notwendigen Verbrennungsluft erfolgt mit einem Druck von 300 bis 400 mm WS durch den rückwär-

---

[1]) Angewendet u. a. in Paris-Romainville, Paris-Ivry, Courbevoie, Villeurbanne, Biarritz.

tigen hohlen Drehzapfen. Sie bestreicht zunächst die vier Seitenwände, um dann unter die Bodenplatte und von hier aus durch Düsen in das Brenngut einzudringen. Auf diese Art wird die Verbrennungsluft stark vorgewärmt, wobei gleichzeitig die Rostteile wirksam gekühlt werden. Die Entschlackung des Rostes erfolgt in der kurzen Zeit von 15 bis 20 Sekunden vollkommen mechanisch und bei geschlossener Ofentüre, wobei der Rost eine Rotationsbewegung ausführt. Der Schlackenkuchen gelangt zunächst in einen unmittelbar unter dem Rost angeordneten Schlackenausbrennraum (Abb. 22, Nr. 5), wo er langsam abkühlt und die freiwerdende Wärme an die Bodenplatte des Rostes bzw. an die Unterwindleitung abgibt, wodurch zu einer besseren Luftvorwärmung beigetragen wird. Der Schlackenausbrennraum erhält neuerdings zweckmäßigerweise eine etwas abweichende Form von der in Abb. 22 angedeuteten. Es wird an seinem Boden ein Schlackenbrecher angeordnet, der

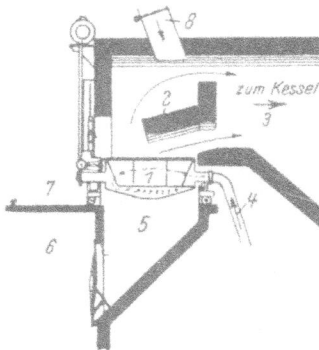

Abb. 22. Schema des Zellenofens System »Brechot«: *1* Rostkonstruktion, *2* Vortrocknungsstufe, *3* Verbrennungskammer, *4* Unterwindleitung, *5* Schlackenausbrennraum, *6* Entschlackungsraum, *7* Ofenhalle, *8* Beschickung.

die ausgebrannte und abgekühlte Schlacke zerkleinert und unmittelbar einer unterhalb des Brechers vorgesehenen Schlacken-Transportvorrichtung aufgibt (vgl. hierzu auch Abb. 27).

Ein wesentlicher Bestandteil des Brechotschen Zellenofens ist ferner eine auf die Seitenwände der Zelle abgestützte Vortrocknungsstufe (Abb. 22, Nr. 2) von etwa 2,3 m² Flächeninhalt, welche zwischen Zellendecke und Rost also im Zug der Feuergase angeordnet ist. Diese Vortrocknungsstufe ist in doppelter Hinsicht für die Erzielung eines guten Feuerungswirkungsgrades von Bedeutung. Einerseits ermöglicht sie eine gründliche Vortrocknung des Mülls, der von einem Teil der Verbrennungsgase dauernd bestrichen wird und wirkt anderseits auch durch Rückstrahlung der in dem Schamottemauerwerk aufgespeicherten Wärme auf das Brenngut.

Der Betrieb der Zelle erfolgt derart, daß zunächst die Vortrocknungsstufe in Zeitabständen von 15 bis 20 Minuten mit
einer Müllmenge von je etwa 0,8 m³ mechanisch beschickt
wird. Hier wird der Müll sowohl durch das hochgradig erhitzte
Schamottematerial der Vortrocknungsstufe als auch hauptsächlich durch die darüber streichenden Verbrennungsgase
rasch und gründlich vorgetrocknet, um dann zum Teil schon
entzündet auf den Rost gezogen zu werden, wo durch Zuleitung
der vorgewärmten Verbrennungsluft eine vollkommene Verbrennung stattfinden kann. Die Entschlackung erfolgt je
nach der Müllzusammensetzung alle 1 bis 1¹/₂ Stunden.

Abb. 23. Brechotsche Zellenofenanlage der Müllverbrennungsanstalt
Paris-Romainville.

Zur Bedienung des Ofens sind lediglich zwei kleine Feuer-
türen vorgesehen, und zwar eine für die Bedienung der Vortrocknungsstufe und die andere zum Schüren des Brenngutes
(Abb. 23).

In der im Jahre 1928 erbauten Müllverbrennungsanlage
in Biarritz ist der eben besprochene Ofen noch dadurch verbessert worden, daß eine kontinuierliche Beschickung der Vortrocknungsstufe mittels einer Beschickschnecke vorgesehen
worden ist.

Der Brechotsche Müllverbrennungsofen hat sich in mehreren neuen Müllverbrennungsanlagen gut bewährt.

In der Anlage Paris-Romainville wurde ohne Kohlenzusatz bei Ofentemperaturen von 1100° C bis 1400° C eine Zellenleistung von 1500 kg je Stunde erzielt, entsprechend einem Durchsatz von 1200 kg Müll je Stunde und Quadratmeter Rostfläche. Diese Werte beziehen sich auf Pariser Müll mit einem durchschnittlichen Heizwert von 1860 WE.

Der Zellenofen System Brechot stellt, sowohl in technischer als auch besonders in hygienischer Beziehung, gegenüber den eingangs besprochenen Zellenöfen mit festen Muldenrosten einen bedeutenden Fortschritt dar. Seine großen Vorzüge sind einerseits die in den Zug der Verbrennungsgase angeordnete Vortrocknungsstufe und anderseits die Rostentschlackung bei geschlossener Ofentüre. Die eigentümliche Rostkonstruktion ermöglicht eine bessere Vorwärmung der Verbrennungsluft, als dies bei den einfachen festen Muldenrosten der Fall war, wozu auch die in den glühenden Schlacken aufgespeicherte Wärme in bequemer Weise herangezogen werden kann.

Zellenofen System Sepia[1]).

Er gehört ebenfalls dem System der isolierten Zellen an (Abb. 24).

Sein wesentlicher Bestandteil ist eine bewegliche Rostkonstruktion (1). Diese ist nach vorne durch die Ofentüre, nach hinten und den beiden Seiten durch luft- oder wassergekühlte Hohlgußkörper abgegrenzt, während den unteren Teil eine hohle gußeiserne Düsenrostplatte bildet, durch welche die Verbrennungsluft mit einem Druck von 250 bis 500 mm WS in das Brenngut eingeleitet wird. Diese Bodenplatte ist auf Rollen gelagert und kann durch hydraulischen oder elektrischen Antrieb nach rückwärts gezogen werden. Hierbei wird der Schlackenkuchen abgestreift und gelangt entweder in einen Naßzerkleinerungsapparat (Abb. 24), einen Schlackenwagen oder aber, wie dies in der Müllverbrennungsanlage Toulouse zweckmäßig vorgesehen ist, unmittelbar in einen Schlackenbrecher besonderer Bauart.

---

[1]) Sepia = Société d'Entreprises pour l'Industrie et l'Agriculture. Angewendet u. a. in Tours, Toulouse, Elbeuf, Rochefort-sur-Mer, Bukarest und Moskau.

Die bewegliche Bodenplatte wird beim Entschlacken nicht vollständig zurückgezogen, so daß ein Teil des Schlackenkuchens noch während einer zweiten Brennperiode auf dem Rost verbleibt, um hier als Zündgut für den frisch beschickten Müll zu dienen.

Durch diese Bauart des Rostes ist es ebenfalls möglich die Rostentschlackung bei geschlossener Ofentüre vorzunehmen.

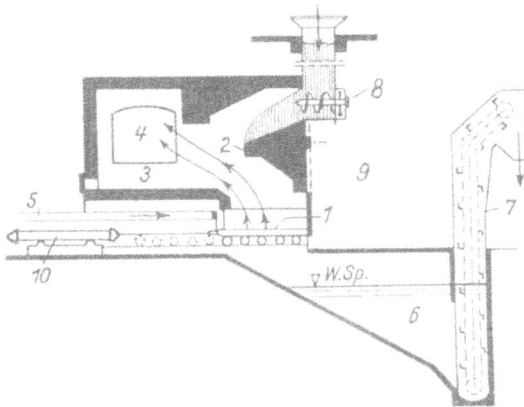

Abb. 24. Schema des Zellenofens System »Sepia«: *1* Rostkonstruktion, *2* Vortrocknungsstufe, *3* Verbrennungskammer, *4* Abzug der Feuergase, *5* Unterwindleitung. *6* Ablöschbecken, *7* Becherwerk. *8* Beschickungsapparat, *9* Ofenhalle, *10* Hydraulikzylinder.

Die Flugasche, welche sich auf dem Boden der eigenartig gebauten Verbrennungskammer (*3*) absetzt, wird von Zeit zu Zeit mittels eines mechanischen Drückers und ohne Störung des Betriebes gemeinsam mit der Schlacke ausgetragen. Diese Bauart der Verbrennungskammer und die damit verbundene, oben beschriebene Art der Flugaschenaustragung muß als unzweckmäßig bezeichnet werden.

Die Beschickung der Sepiaöfen erfolgt kontinuierlich mittels einer Beschickschnecke.

Der eben beschriebene und in mehreren Städten verwendete Sepiaofen wurde in der im Jahre 1928 gebauten Müllverbrennungsanlage der Stadt Toulouse dadurch erheblich ver-

88

bessert, daß er mit einer in den Zug der Verbrennungsgase angeordneten Vortrocknungsstufe nach System Brechot ausgerüstet worden ist. (Abb. 25).

Mit der Größe der Rostfläche ist man in der Toulouser Anlage auf das m. E. unzweckmäßig große Maß von 2,4 × 0,8 = 1,92 m² gegangen. Die erzielten Leistungen in dieser verbesserten Sepiaanlage betragen bei einer Ofentemperatur von höchstens 1100° C lediglich 1500 kg Müll je Zelle und Stunde, entsprechend einem Durchsatz von etwa 800 kg je Stunde und Quadratmeter Rostfläche. Diese Leistung bezieht sich auf einen durchschnittlichen Müllheizwert von 1800 WE.

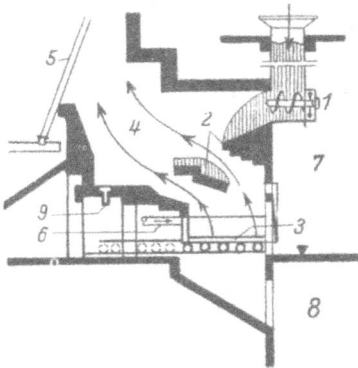

Abb. 25. Schema des verbesserten Sepia-Zellenofens der Müllverbrennungsanstalt Toulouse: *1* Beschickungsapparat, *2* Vortrocknungsstufen, *3* Rostkonstruktion, *4* Verbrennungskammer, *5* Kesselheizrohre, *6* Unterwindleitung, *7* Ofenhalle, *8* Entschlackungsraum, *9* Flugaschenabsaugung.

Zellenofen System Heenan und Froude[1]).

Er bildet die Weiterentwicklung und Verbesserung der aneinander gereihten Muldenroste (S. 82). Abb. 26 stellt einen schematischen Schnitt durch diesen Ofen dar, wie er in der neuen im Jahre 1928 von der Bamag-Meguin A.G. erbauten Müllverbrennungsanlage der Stadt Zürich ausgeführt worden ist.

Sein wesentlicher Bestandteil ist eine neuartige bewegliche Rostkonstruktion, welche einen von den bisher besprochenen Müllverbrennungsöfen abweichenden Feuerungsbetrieb bedingt. Die Rostkonstruktion wird aus zwei übereinander angeordneten einfachen Planrosten (Spaltroste) gebildet. Der obere Rost (*4*) ist der Verbrennungsrost und besitzt je

---

[1]) Dieser neuzeitliche englische Zellenofen wird auf dem europäischen Festlande von der deutschen Firma Bamag-Meguin A.G. in Berlin gebaut. Er wurde u. a. in Glasgow und in der neuen Züricher Müllverbrennungsanlage angewendet und wird gegenwärtig in Lyon ausgeführt.

Rostabschnitt (Zelle) einen Flächeninhalt von 2,5 m². Er ist auf Rollen gelagert und kann durch hydraulischen Antrieb (*11*) zurückgezogen werden, wobei der auf ihm gebildete Schlackenkuchen durch den Kratzer (*3*) auf den unteren sogenannten Schlackenrost (*5*) abgestreift wird. Der Schlackenkuchen bleibt auf dem Schlackenrost während einer ganzen Brennperiode liegen und wird von der Verbrennungsluft durchströmt, welche durch das Luftventil (*7*) mit der auffallend

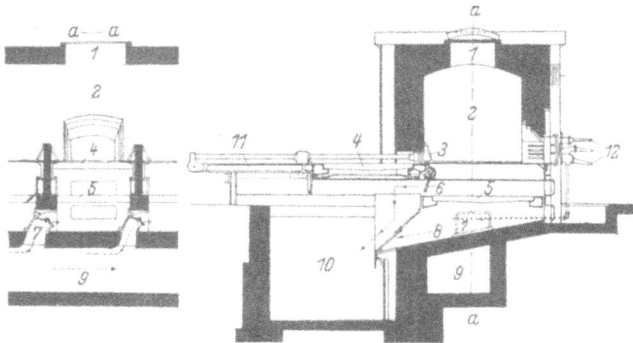

Abb. 26. Schema des Zellenofens System »Heenau u. Froude« der neuen Müllverbrennungsanstalt in Zürich: *1* Beschickung, *2* Feuerraum, *3* Kratzer, *4* Verbrennungsrost in zurückgezogener Stellung, *5* fester Schlackenrost, *6* Abstreifer, *7* Luftventil, *8* Unterwindkammer, *9* Unterwindkanal, *10* Entschlackungsraum, *11* Hydraulikzylinder, *12* Bedienungshebel.

geringen Pressung von 40 bis 60 mm WS unter den Schlackenrost eingeleitet wird. Auf diese Art wird einerseits die Abkühlung der Schlacke und anderseits die Vorwärmung der Verbrennungsluft bis auf etwa 100° C erzielt. Die auf dem Schlackenrost am Ende einer Brennperiode liegende und abgekühlte Schlacke wird gelegentlich der neuen Entschlackung des Verbrennungsrostes mittels des Abstreifers (*6*) nach dem unter Ofenflur gelegenen Raum (*10*) ausgestoßen, von wo sie mittels eines Schlackentransportbandes oder eines Schlackenwagens der Aufbereitungsanlage zugeführt wird. Es wird also jedesmal, wenn die Entschlackung des Verbrennungsrostes erfolgt, auch gleichzeitig die bereits während einer Brennperiode auf dem Schlackenrost zur Vorwärmung der Verbrennungsluft

herangezogene und bereits stark abgekühlte Schlacke ausgetragen. Als Zündgut auf dem entschlackten Verbrennungsrost
dient die an den nicht gekühlten und mit gußeisernen Platten
ausgelegten Trennungswänden der einzelnen Rostsektionen
in geringen Mengen angebackten glühenden Schlackenteile,
welche abgestoßen und vor der neuen Beschickung auf dem
Rost verteilt werden müssen. Die Rostbeschickung erfolgt
periodisch. Die Vortrocknung des Mülls wird nicht wie bei den
Müllverbrennungsöfen System Brechot und System Sepia auf
besonderen Vortrocknungsstufen, sondern in weniger zweck-
mäßigen Weise auf dem Rost selbst, durch die darüber streichenden Verbrennungsgase der in voller Glut befindlichen benach-
barten Rostsektionen vorgenommen, was ja durch die bei
allen Zellenöfen angewendete und notwendige wechselweise
Beschickung der einzelnen Rostabschnitte (Zellen) möglich ist.
Der sich auf dem schrägen Boden der Windkammer (8) ansammelnde Durchfall des Schlackenrostes (Grobasche) muß
zeitweise von Hand durch eine hierzu vorgesehene Öffnung
nach dem Raume (10) ausgestoßen werden.

Die erzielte Zellenleistung dieses Ofensystems beträgt
ohne Kohlenzusatz bei Ofentemperaturen von durchschnittlich
1000⁰ C, 1000 kg Müll je Stunde und Rostsektion von 2,5 m²,
entsprechend einem Durchsatz von 400 kg Müll je Stunde und
Quadratmeter Rostfläche. Diese Angaben beziehen sich auf
einen durchschnittlichen Müllheizwert von 1100 WE.

Als Vorteile des eben besprochenen Ofensystems ist die
Möglichkeit der vollkommen mechanischen Entschlackung
bei geschlossener Ofentüre, sowie die Verwertung der Schlackenwärme zur Vorwärmung der Verbrennungsluft anzuführen.
Seine Nachteile sind die periodische Rostbeschickung ohne
besondere Vortrocknung des Mülls, die mit der Anwendung
eines Spaltrostes verknüpfte ungleichmäßige Verteilung der
Verbrennungsluft, sowie die berechtigte Annahme einer verhältnismäßig geringen Haltbarkeit der Verbrennungsroste
infolge ihrer unzulänglichen Kühlung. Ein weiterer Nachteil
ist auch die verhältnismäßig kleine Rostleistung, welche
auf die geringe Luftpressung zurückzuführen ist.

Zellenofen mit beweglicher Rostkonstruktion »System Vesuvio«.
(Projekt.)

Die deutsche Müllfeuerungsgesellschaft »Vesuvio« ist neuerdings auch an eine Vervollkommnung ihrer veralteten Zellenöfen (S. 78) herangetreten. Obwohl die neue Bauart noch keine Anwendung gefunden hat, erscheint es mir trotzdem wertvoll kurz darauf hinzuweisen.

Die Beschickung des in der Abb. 27 dargestellten Ofens soll kontinuierlich mittels der bewährten Beschick- und Vortrocknungsschnecken (S. 67) erfolgen, während die Entschlackung bei geschlossener Ofentüre durch Zurückziehen der beweglichen Bodenplatte der Muldenrostkonstruktion (7) vorgenommen werden soll. Hierbei wird der Schlackenkuchen in den Schlackenausbrennraum (8) abgestreift, der allen zu einem Ofen vereinigten Zellen gemeinsam ist. In diesem Raum soll auch die Unterwind-Druckleitung (5) unter-

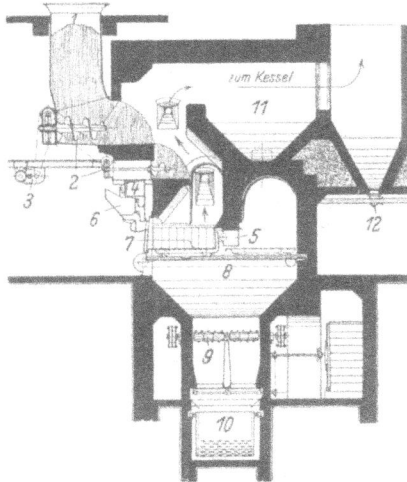

Abb. 27. Zellenofen mit beweglicher Rostkonstruktion System »Vesuvio« (Projekt): *1* Beschicktrichter, *2* Beschick- und Vortrocknungsschnecken, *3* Beschickschneckenantrieb, *4* Unterwind-Saugleitung, *5* Unterwind-Druckleitung, *6* Verfahrbare Beschickvorrichtung für Zusatzbrennstoff, *7* Muldenrost mit beweglicher Bodenplatte,, *8* Schlackenausbrennraum, *9* Schlackenbrecher, *10* Schlackentransportbehälter, *11* Verbrennungskammer, *12* Flugaschenabsaugleitung.

gebracht werden, wodurch die ausgestrahlte Schlackenwärme zur Erhitzung der Verbrennungsluft verwertet werden kann. Am Boden des Schlackenausbrennraumes ist ein Walzenbrecher (*9*) vorgesehen, welcher die Schlacke zerkleinern soll, um dann an einen darunter angeordneten Transportbehälter (*10*) abgegeben zu werden. Die Rostflächengröße wird je Zelle 1,28 m² betragen.

Die Bauart dieses Zellenofens trägt den neuzeitlichen hygienischen und wärmetechnischen Gesichtspunkten Rechnung, indem eine möglichst gute Vortrocknung des Mülls, die Heranziehung der Schlackenwärme zur Vorwärmung der Verbrennungsluft, sowie die Austragung der Schlacke bei geschlossener Ofentüre möglich ist.

Schlußwort zu Kapitel 11/7a.

Die Zellenöfen stellen die ursprüngliche Form der Müllverbrennungsöfen dar. Ihre Leistung richtet sich nach der Anzahl der zu einem Ofenblock vereinigten Zellen. Diese können entweder so angeordnet werden, daß sie einen gemeinsamen über den Rosten liegenden Gasmischraum und dementsprechend eine gemeinsame Ableitung der Verbrennungsgase nach einer sekundären Verbrennungskammer besitzen oder daß jeder einzelne Rost in je einer von der anderen unabhängigen Zelle angeordnet wird, welche sämtliche an einen gemeinsamen Gasmischraum (Verbrennungskammer) angeschlossen werden.

Eine wirtschaftliche und hygienisch einwandfreie wärmetechnische Verwertung des Mülls in einem Zellenofen ist nur möglich

1. wenn Beschickung und Entschlackung des Rostes vollkommen mechanisch erfolgt, wobei der kontinuierlichen Beschickung der Vorzug einzuräumen ist,
2. wenn für eine weitgehende Vortrocknung des Mülls innerhalb des Feuerraumes gesorgt wird,
3. wenn eine Rostkonstruktion zur Anwendung kommt, welche neben der hinreichenden Kühlung der Rostteile eine möglichst starke Vorwärmung der Verbrennungsluft, sowie die Rostentschlackung bei geschlossener Ofentüre ermöglicht.

Wenn es auch gelungen ist Zellenöfen zu konstruieren, die an sich als vollkommen anzusprechen sind, so haftet dennoch dem System als solchem eine Reihe von Mängeln an, welche in der periodischen Betriebsweise begründet sind. Alle Zellenöfen erfordern eine sehr aufmerksame Bedienung. Es muß ständig dafür gesorgt werden, daß im richtigen Augenblick entschlackt wird, wobei die Verbrennungsluft jedesmal abgestellt und nach erfolgter neuer Beschickung wieder einge-

lassen werden muß. Es muß ferner mindestens alle 5 Minuten
sorgfältig und gewissenhaft geschürt werden, wenn eine möglichst vollkommene Verbrennung bei guter Ausnützung der
Verbrennungsluft erzielt werden soll.

Ein schwerwiegender Nachteil der Zellenöfen besteht
darin, daß ein Zusatz hochwertiger Brennstoffe — sei es durch
Zumischen zum Müll oder durch deren Aufgabe auf den entschlackten Rost — mit Rücksicht auf die unzulängliche Handschürung des Brenngutes nur in sehr geringen Mengen möglich
ist, wenn der Zusatzbrennstoff mit gutem Wirkungsgrad mit-
verbrannt werden soll. Dieser mißliche Umstand fällt besonders dann ins Gewicht, wenn einerseits ein sehr heizwertarmer Müll zur Verbrennung gelangen soll, der nur mit einem
erheblichen Kohlenzusatz verbrannt werden kann und wenn
anderseits günstige örtliche Verhältnisse die Schaffung der
Möglichkeit einer beliebigen Steigerung der Dampferzeugung
aus wirtschaftlichen Gründen nahelegen. Sind jedoch diese
Voraussetzungen nicht gegeben, so ist m. E. die Anwendung der
neuzeitlichen Zellenöfen besonders für kleinere Anlagen empfehlenswert und in diesem Fall den mechanischen Rostkonstruktionen (s. auch S. 113) vorzuziehen.

b) Schachtöfen.

Die geringe Leistung der alten englischen Zellenöfen von
höchstens 200 kg je Stunde und Quadratmeter Rostfläche
legte den Gedanken nahe, eine Steigerung des Durchsätzes
unter Anwendung hoher Verbrennungsschichten in Schachtöfen zu erzielen. Die ersten ermutigenden Versuche führten
im Laufe der Zeit zu mehreren Schachtofensystemen, welche
gleichlaufend mit den Zellenöfen, und zwar ausschließlich von
deutschen Konstrukteuren bis zu hoher Vollkommenheit entwickelt wurden.

Schachtofen System Dörr[1]) (Abb. 28).

Seine wesentlichen Merkmale sind ein 3 m hoher, vier-
eckiger Schacht (2) und dementsprechend eine hohe Be-

---

[1]) Angewendet in Beuthen OS., Wiesbaden und Miskolcz in
Ungarn. Alle drei Anlagen sind bereits außer Betrieb.

schickung. Die von den Verbrennungsgasen bestrichenen Flächen sind mit feuerfestem Schamottematerial ausgekleidet, während die Verbrennung ebenfalls auf einer aus Schamottesteinen bestehenden Verbrennungssohle erfolgt. Die Schlackenaustragung wird von Hand durch den Schlackenhals (*3*) vorgenommen, der nach außen luftdicht abgeschlossen werden

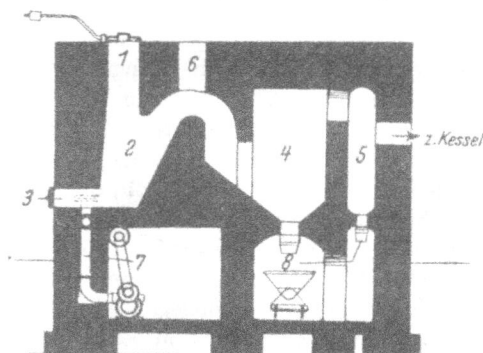

Abb. 28. Schema des Schachtofens System »Dörr«: *1* Beschickung, *2* Feuerraum, *3* Schlackenhals, *4* Verbrennungskammer, *5* Rauchkanal, *6* Putzloch, *7* Unterwindleitung, *8* Flugaschenaustragung.

kann. Durch diesen wird auch die Verbrennungsluft in den Feuerraum eingeführt (*7*), wobei diese an der in den Schlackenhals vorgezogenen glühenden Schlacke vorgewärmt und letztere gleichzeitig abgekühlt wird. Für die Flugaschenausscheidung und Nachverbrennung der Verbrennungsgase ist hinter der Feuerbrücke eine große Verbrennungskammer (*4*) und an diese anschließend ein allen zu einem Ofen vereinigten Einheiten gemeinsamer Rauchkanal (*5*) angeordnet.

Die Ofentemperatur und die Leistung dieses Schachtofens ergaben sich tatsächlich höher als die der alten englischen Zellenöfen. Ihr Betrieb gestaltete sich jedoch infolge der schwierigen Entschlackungsarbeit sehr umständlich und unwirtschaftlich. Auch war eine vollkommene Verbrennung infolge der unzweckmäßigen Schachtform, sowie der mangelhaften Luftzufuhr, nicht zu erreichen. Die seitlich durch den Schlackenhals eingeleitete Verbrennungsluft verteilte sich nicht gleichmäßig über den rechteckigen Schachtquerschnitt, sondern bildete sich vielmehr an dessen Ecken sogenannte Gassen, was darauf zurückzuführen ist, daß der Müll beim langsamen Absinken in den Ecken des Schachtes eine größere Reibung zu überwinden hat und daher an diesen Stellen lockerer liegt als in der Mitte des Brennstockes.

Diese technischen Mängel des Dörrschen Schachtofens haben bei der bedeutenden Verschlechterung des Müllheizwertes während der Kriegsjahre zur Stillegung aller nach diesem System erbauten Müllverbrennungsanlagen geführt. Seine Bedeutung liegt darin begründet, daß die mit ihm gemachten Erfahrungen zu anderen sehr wertvollen Schachtofenkonstruktionen geführt haben.

Schachtofen System Didier.
(Stettiner Chamottefabrik.)

Er ist aus dem Dörrschen Ofen hervorgegangen, dessen Nachteile er jedoch restlos vermeidet (Abb. 29).

Als Schachtquerschnitt (3) wurde die Kreisform gewählt. Auf die Höhe des Brennstockes wird der Schacht von einem wassergekühlten, zylindrischen Eisenmantel (Kühlmantel) (3a) gebildet. Auf Grund neuester Erfahrungen wird dieser Kühlmantel als Dampfmantel für einen Druck bis zu 16 at hergestellt und mit dem dahinter liegenden Dampfkessel in unmittelbaren Zusammenhang gebracht. Der Kühlmantel bzw. Dampfmantel hat den Zweck ein Anbacken der Schlacke zu verhindern und dadurch einen ungestörten Dauerbetrieb zu ermöglichen.

Die notwendige Verbrennungsluft wird mit einem Druck von 400 bis 500 mm WS durch ringförmig angeordnete Düsen (9) in den Ofenschacht eingeführt. Beschickung und Entschlackung erfolgt vollkommen mechanisch.

Der sinnreiche und im Betrieb bewährte Entschlackungsapparat (7), der absichtlich wegen seiner ausschließlichen Verwendung bei Schachtöfen System Didier eingangs nicht besprochen worden ist, ermöglicht die Schlackenaustragung bei geschlossenem Ofen und ununterbrochenem Feuer nach einem unter Ofenflur befindlichen Raume. Sobald der Brennstock das obere Ende des Kühl- bzw. Dampfmantels erreicht hat, was je nach der Müllzusammensetzung alle 40 bis 60 Minuten

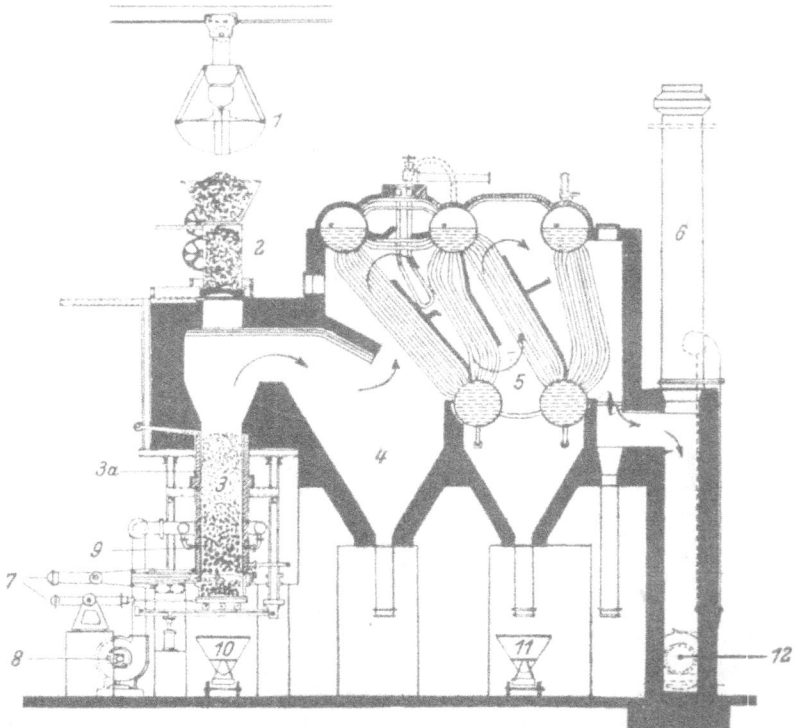

Abb. 29, Schema des Schachtofens System »Didier«, der Müllverbrennungsanstalt »London-St. Marylebone«: *1* Greifer, *2* Beschickungsapparat, *3* Ofenschacht, *3a* Dampfkühlmantel, *4* Verbrennungskammer, *5* Steilrohrkessel,
6 Kamin, *7* Entschlackungsapparat, *8* Gebläse, *9* Ringdüsen, *10* Schlackentransportwagen, *11* Flugaschentransportwagen, *12* Saugzugventilator.

der Fall ist, muß der Ofen entschlackt werden. Die Betätigung des Entschlackungsapparates erfolgt hydraulisch mit
40 at Druck. Der Entschlackungsvorgang spielt sich so ab, daß
ein Schlackenmesser durch Betätigung der Messersteuerung
in den Schlackenstock des Ofenschachtes eingeführt wird,
wo es einen sog. Zwischenboden bildet. Hierauf wird durch
Betätigung der Steuerung des senk- und hebbaren unteren
Bodenverschlusses dieser abgesenkt und herausgefahren, wobei
die abgeschnittene Schlacke in einen darunter befindlichen

Schlackenwagen (*10*) oder auf ein Schlackentransportband
rutscht und abtransportiert wird. Hiernach wird der fahr-
bare Boden wieder eingefahren, angepreßt und das Schlackenmesser wiederum zurückgezogen, worauf die im Schacht noch
zurückgebliebene Schlacke, mit dem darauf befindlichen
Brenngut, um die Höhe des abgeschnittenen Teiles absinkt und
neu beschickt werden kann. Der ganze Entschlackungsvorgang
nimmt lediglich 26 bis 30 Sekunden in Anspruch.

Die Verbrennungsgase gelangen über eine Feuerbrücke in
eine Verbrennungskammer (*4*), wo eine Nachverbrennung sowie
eine teilweise Flugaschenausscheidung erfolgt. An die Verbrennungskammer ist der Dampfkessel (*5*) unmittelbar angeschlossen.

Der Schachtofen System Didier gewährt große hygienische
und wärmetechnische Vorzüge. Die mechanische Beschickung,
sowie eine ebensolche Entschlackung nach einem unter Ofenflur befindlichen Raume, ermöglicht einen hygienisch einwandfreien Betrieb, der das beschäftigte Arbeiterpersonal in keiner
Weise weder durch Müllstaub noch durch Rauch bzw. Wärmeausstrahlung gefährdet, sowie auch keinen nennenswerten
Anstrengungen aussetzt. Die geschlossene ohne Wärmeverluste arbeitende eigenartige Entschlackung ermöglicht es,
daß stets brennender Müll im Ofenschacht zurückbleibt und
somit ein ununterbrochenes Feuer trotz periodischer Beschickung und Entschlackung unterhalten werden kann. Dieser
Umstand, sowie die zweckmäßige Luftzufuhr, ermöglicht eine
vollkommene Verbrennung bei hoher Ofentemperatur. Die
Art der Entschlackung schließt ferner auch die Möglichkeit aus,
daß etwa unverbrannter Müll mit der Schlacke ausgetragen
wird.

Die in der neuen im Jahre 1926 nach dem System Didier
erbauten Müllverbrennungsanlage in London-Marylebone (Ab-
bildung 29) erzielten Betriebsergebnisse haben bei einem
Schachtquerschnitt von 0,503 m² eine Ofenleistung von über
1300 kg je Stunde ergeben, entsprechend einem Durchsatz
von 2600 kg je Stunde und Quadratmeter Rostfläche. Die
durchschnittlichen Ofentemperaturen betragen 900° C. Diese
Angaben beziehen sich auf einen durchschnittlichen Müllheizwert von 1890 WE.

Wenn größere Müllmengen verbrannt werden sollen, als eine Ofeneinheit zu leisten vermag, so werden mehrere der eben besprochenen Ofeneinheiten dadurch zu einem Ofenblock zusammengefaßt, daß man sie auf dieselbe Art wie bei den isolierten Zellenöfen an eine gemeinsame Verbrennungskammer anschließt. Die einzelnen Ofeneinheiten werden dann ebenfalls wechselweise beschickt und entschlackt.

Der Schachtofen System Didier eignet sich gut für kleine Städte und ist m. E. wegen seiner verhältnismäßig großen Leistungsfähigkeit in diesem Fall den Zellenöfen meist auch wirtschaftlich überlegen.

Die Leistung der Ofeneinheit und damit die Wirtschaftlichkeit des Schachtofens System Didier könnte m. E. dadurch noch wesentlich erhöht werden, daß man den Schachtquerschnitt vergrößert. Man ist aber hierbei leider mit Rücksicht auf die Art der Luftzufuhr durch ringförmig angeordnete Düsen, sowie mit Rücksicht auf die Art der Entschlackung, an enge Grenzen gebunden. Der größte bis jetzt ausgeführte Schachtdurchmesser beträgt lediglich 0,8 m.

Schachtofen System Uhde.

Diese in Abb. 30 dargestellte Ofenkonstruktion weicht von den bisher besprochenen grundsätzlich ab. Durch die eigenartige Bau- und Betriebsart dieses Schachtofens wird eine Trennung des Grob- und Feinmülls innerhalb des Feuerraumes dadurch vorgenommen, daß beim Beschicken des Ofens dem herabfallenden Müll ein kräftiger Luftstrom von 400 bis 500 mm WS entgegengeblasen wird, wodurch ein Teil des Feinmülls aus den Mülladungen herausgehoben und unterstützt durch die Oberluftzufuhr bei (9) in die zwischen Ofen- und Kesselanlage eingeschaltete Flugaschenkammer (4) getragen wird, wo er verglimmt. Die Verbrennung des vom Feinmüll teilweise entlasteten Grobmülls kann somit mit wesentlich besserem Wirkungsgrad in dem Ofenschacht (2) erfolgen. Dieser besteht in der Schlackenbildungszone aus einem wassergekühlten Eisenmantel und darüber aus Schamottemauerwerk, während die Sohle des Schachtes von einer Düsenrostplatte (3) von 1,2 m² Rostfläche gebildet wird.

Ein wesentliches Merkmal und großer Vorteil dieses Schachtofens ist ferner die Verwendung hocherhitzter Verbrennungsluft, welche in einem Luftvorwärmer erzeugt wird, der an der Decke der Flugaschenkammer (*4*) angeordnet ist und aus in gußeisernen Kästen eingelegten, schmiedeeisernen Röhren besteht. Es kann mit Hilfe dieses Luftvorwärmers die Temperatur der Verbrennungsluft während der ganzen Dauer

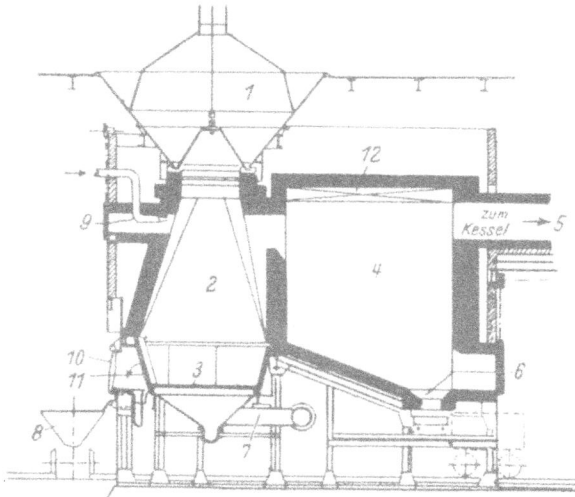

Abb. 30. Schema des Schachtofens System »Uhde«: *1* Beschickungsapparat, *2* Ofenschacht, *3* Düsenrostplatte, *4* Flugaschenkammer, *5* Rauchabzug, *6* Flugaschenaustragung, *7* Unterwindleitung, *8* Schlackentransportwagen, *9* Oberluftleitung, *10* Ofentüre, *11* wassergekühlte Drehklappen, *12* Luftvorwärmer.

des Verbrennungsprozesses auf einer nahezu gleichbleibenden Höhe von etwa 250⁰ bis 300⁰ C erhalten werden, was besonders für die Verbrennung von sehr feuchtem Müll von großer Bedeutung ist.

Die ersten nach System Uhde in der zweiten Hamburger Müllverbrennungsanlage »Alter Teichweg« im Jahre 1912 erbauten Schachtöfen waren zwar für mechanische Beschickung eingerichtet. Die Entschlackung jedoch wurde von Hand in auf der Ofensohle stehende Muldenkipper (*8*) vorgenommen, zu welchem Zwecke zunächst eine äußere Ofentüre (*10*) geöffnet und hierauf zwei innen angeordnete, wassergekühlte Drehklappen (*11*) hoch- bzw. niedergedreht werden mußten. Die mit diesen Uhdeöfen erzielten Betriebsergebnisse waren zunächst befriedigend. Sie ermöglichen eine vollkommene Verbrennung bei einer Ofentemperatur von 1000 bis 1100⁰ C. Ihre Leistung betrug im Jahre 1913 32,3 t je 24 Stunden, entsprechend einem Durchsatz von 1100 kg je Stunde und Quadratmeter Rostfläche. Bei dem verschlechterten Kriegs- und Nachkriegsmüll ging die Leistung auf 24 t zurück, entsprechend einem Durchsatz von 830 kg je Stunde und Quadratmeter Rostfläche.

Schachtofen Inferno 1,2.

Im Bestreben einerseits durch Steigerung der Ofenleistung und anderseits durch Ausschaltung der teueren Handarbeit eine Verminderung der Anlage- und Betriebskosten zu erzielen, wurde ein oben beschriebener Uhde-Schachtofen der Anlage »Alter Teichweg« im Jahre 1925 durch die Lurgi-Gesellschaft für Wärmetechnik in Frankfurt a. M. dadurch vervollkommnet, daß er mit einer Ausdrückmaschine für die mechanische Schlackenaustragung ausgerüstet wurde. Dieser verbesserte Schachtofen, der ebenfalls eine Düsenrostplatte von 1,2 m² besitzt ist unter dem Namen Inferno 1,2 bekannt (Abb. 31).

Es konnte durch Anwendung der Ausdrückmaschine die Entschlackungsdauer und dadurch auch die damit verknüpften Wärmeverluste erheblich verringert und die Ofenleistung unter Beibehaltung der Rostflächengröße von 1,2 m² auf 60 t je 24 Stunden erhöht werden, entsprechend einem Durchsatz von 2100 kg Müll je Stunde und Quadratmeter Rostfläche. Diese Leistung wird bei einem durchschnittlichen Müllheizwert von 1200 WE ohne Kohlenzusatz erreicht.

Die Ofenkonstruktion selbst wurde nur insofern geändert, als es infolge der Anwendung der Ausdrückmaschine notwendig war Einrichtungen vorzusehen, welche es ermöglichen sollten, daß gelegentlich der Entschlackung brennender Müll zur Entzündung der neuen Beschickung auf dem Roste zurückbleibt. Dies wurde dadurch erreicht, daß die Seitenwände des Ofens mit nischenartigen Rasten versehen wurden, in denen beim

Ausdrücken der Schlacke noch brennender Müll zurückbleibt, welcher dann auf den gereinigten Rost gezogen wird.

Das Ende einer Verbrennungsperiode wird jedesmal an der Bildung eines 40 bis 50 cm hohen Schlackenkuchens sowie am Absinken des CO_2-Gehaltes der Rauchgase erkannt. Die Entschlackung erfolgt bei diesem Ofen noch immer in unhygienischer Weise mittels auf der Ofensohle stehenden Schlackentransportwägen.

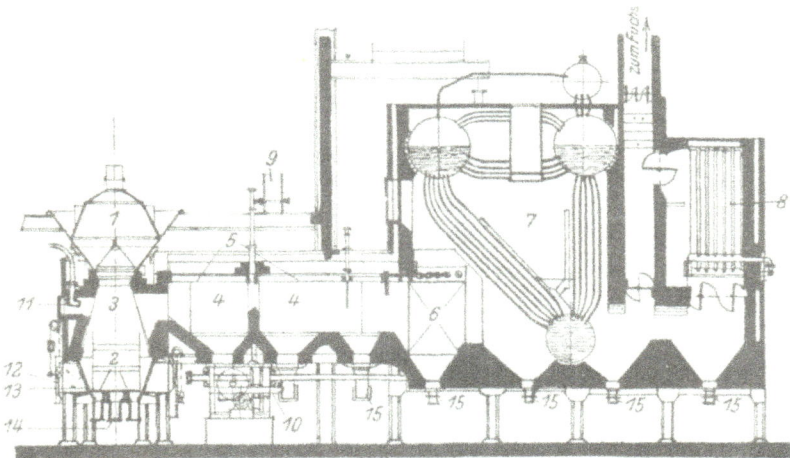

Abb. 31. Schema des Schachtofens »Inferno 1,2«: *1* Beschickungsapparat, *2* Düsenrostplatte, *3* Ofenschacht, *4* Flugaschenkammer, *5* Luftvorwärmer, *6* Überhitzer, *7* Steilrohrkessel, *8* Economiser, *9* Kolbenstaubfeuerung, *10* Ausdrückmaschine, *11* Oberluft, *12* Ofentüre, *13* wassergekühlte Drehklappen, *14* Unterwindleitung, *15* Flugaschenaustragung.

Schachtofen Inferno 2,5.

Die mit dem Schachtofen Inferno 1,2 gemachten Erfahrungen führten zur Erkenntnis, daß eine weitere Leistungssteigerung dieser Ofenkonstruktion durch Vergrößerung der Rostfläche möglich ist. Die Wirtschaftlichkeit der Ausdrückmaschinen, deren Abmessungen sich in diesem Falle nur wenig ändern, ist dafür um so größer. So gelangte die Lurgi-Gesellschaft zu dem Entwurf eines Schachtofens mit einer Düsenrostplatte von 2,8 m² Rostfläche, der gegenwärtig in Hamburg zur Ausführung gelangen soll (Abb. 32).

Bau und Betrieb dieses Müll-Großverbrennungsofens entspricht im allgemeinen dem Schachtofen Inferno 1,2. Entsprechend der großen Leistung ist jedoch die ursprüngliche
Beschickung durch eine leistungsfähigere, ebenfalls periodische
Beschickung, mittels zweier seitlicher Beschicktrichter (*1*)

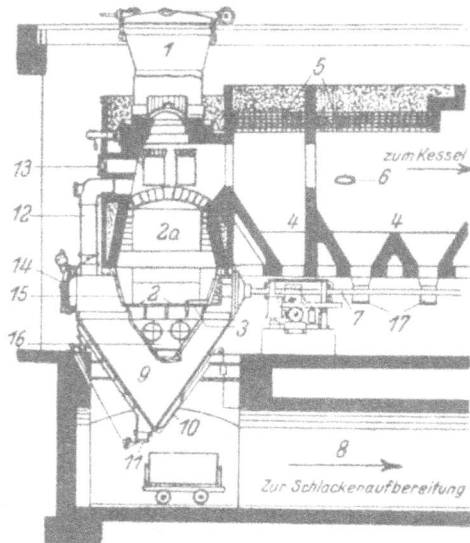

Abb. 32. Schema des Schachtofens ›Inferno 2,5‹
1 Beschickungsapparat, *2* Düsenrostplatte, *2a* Ofenschacht, *3* Schlepprost, *4* Flugaschenkammer, *5* Luftvorwärmer, *6* Kohlenstaubfeuerung, *7* Entschlak-
kungsmaschine, *8* Entschlackungsraum, *9* Schlackenausbrennraum (Schlackenrumpf), *10* Verschluß
11 Luftventil, *12* Ableitungsrohr, *13* Oberluft,
14 Ofentüre, *15* wassergekühlte Drehklappen,
16 Unterwindkasten, *17* Flugaschenaustragung.

ersetzt worden. Um ferner einen hygienisch einwandfreien
Betrieb zu ermöglichen, ist der Schlackenabwurf nach einem
unter Ofenflur befindlichen Raume bei geschlossener Ofentüre
dadurch ermöglicht worden, daß unterhalb der Rostkonstruktion
der Schlackenrumpf (Schlackenausbrennraum) (*9*) angeordnet wurde, wo die glühende Schlacke unter Luftzuleitung
nachverbrennen und abkühlen kann, um dann durch Öffnen
des Verschlusses (*10*) in einen mechanisch bewegten und unter

Ofenflur befindlichen Transportbehälter zu fallen und in der Pfeilrichtung der Schlackenaufbereitungsanlage zugeführt zu werden. Für die zur Nachverbrennung der im Schlackenrumpf befindlichen glühenden Schlacke erforderliche Luftzufuhr, ist ein regelbares Ventil (*11*) vorgesehen. Zur Ableitung der Nachverbrennungsgase dient das Rohr (*12*).

Für das Verbleiben von Zündgut auf der entschlackten Düsenrostplatte ist nach einem patentierten Verfahren der Lurgi G. m. b. H. durch Anordnung eines mit dem Ausdrückschild fest verbundenen, also beweglichen Schlepprostes (*3*) gesorgt worden, wobei die auf letzterem beim Entschlacken des Ofens verbleibende glühende Schlackenmenge, beim Zurückbewegen des Schlepprostes in seine normale Stellung, durch ein in den Ofen eingeführtes Gerät auf die Düsenrostplatte abgestreift wird.

Die Möglichkeit bei sehr heizwertarmen Müll bzw. zum Zwecke einer beliebigen Regelung der Dampfproduktion hochwertige Brennstoffe zufeuern zu können, ist beim Inferno-Ofen in sehr zweckmäßiger Weise durch Anordnung einer Kohlenstaubfeuerung (*6*) in der Flugaschenkammer geschaffen worden' Es trägt hierbei der Zusatzbrennstoff indirekt zur Verbrennung des schlechten Mülls durch Einwirkung auf den Winderhitzer bei, der ja an der Decke der Flugaschenkammer angeordnet ist. Durch diese Art der Zufeuerung kann der Zusatzbrennstoff mit hohem Wirkungsgrad verfeuert werden. Bei zu starker Erwärmung des Winderhitzers besteht hierbei die Möglichkeit diesen durch Einblasen von Oberluft (*13*) abzukühlen. Hierdurch ist der Inferno-Ofen sowohl zur Verbrennung von sehr heizwertarmen Müll als auch zur Anwendung für den Großbetrieb sehr gut geeignet.

Die zu erwartende Leistung des Schachtofens Inferno 2,5 beträgt bei einem durchschnittlichen Müllheizwert von 1200 WE ohne Kohlenzusatz etwa 160 t je 24 Stunden, entsprechend einem Durchsatz von etwa 2300 kg je Stunde und Quadratmeter Rostfläche.

Schlußwort zu Kapitel 11/7 b.

Die vervollkommneten Schachtofenkonstruktionen haben im Vergleich mit den Zellenöfen einen Fortschritt auf dem Gebiete der Müllverbrennung zu bedeuten.

Die neuen Schachtofenkonstruktionen, sowohl das System Didier als auch der aus dem System Uhde hervorgegangene Inferno-Ofen, ermöglichen bei vollkommen mechanischer Beschickung und einer ebensolchen Entschlackung nach einem unter Ofenflur befindlichen Raume, einen hygienisch einwandfreien Betrieb. Sie haben den Vorzug einer sehr großen Leistungsfähigkeit, was sich in verhältnismäßig geringen Anlage- sowie Betriebskosten auswirken muß. Gegenüber den Zellenöfen besitzen sie ferner auch den Vorteil des in ihrer Bau- und Betriebsart begründeten Ausbleibens der Schürarbeit.

Einander gegenüber gestellt muß von den beschriebenen Schachtofenkonstruktionen aus technischen und wirtschaftlichen Gründen, besonders bei großen Anlagen, dem Inferno-Ofen der Vorzug eingeräumt werden, und zwar besonders mit Rücksicht auf die zur Anwendung gelangende hocherhitzte Verbrennungsluft von nahezu gleichbleibender Temperatur, sowie auch infolge der ohne besondere und kostspielige Anlagen und unter dem Schutz des Feuers erfolgenden teilweisen Trennung des Grob- und Feinmülls. Diese Eigenschaften machen den Inferno-Ofen für die Verbrennung von feuchtem und aschenreichem Müll geeignet und räumen ihm große wirtschaftliche Vorteile ein.

Der Schachtofen System Didier behält seine Bedeutung für kleine Müllverbrennungsanlagen bei.

Als Nachteil der Schachtöfen ist ihre periodische Betriebsweise anzuführen, die wie bei den Zellenöfen eine aufmerksame Bedienung erforderlich macht.

c) Müllverbrennungsöfen mit mechanischer Rostkonstruktion und kontinuierlichem Feuerungsbetrieb.

Die besprochenen Mängel der Zellenöfen (s. S. 92) führten in Deutschland zur Entwicklung von Müllverbrennungsöfen mit kontinuierlichem Feuerungsbetrieb. Es wurden hierbei zwei verschiedenartige mechanische Rostkonstruktionen entwickelt.

1. Kaskadenrost System Vesuvio.
2. Mechanischer Schrägrost System Musag.

1. Kaskadenrost System Vesuvio.

Der in Abb. 33 dargestellte Kaskadenrost ist derart gebaut, daß der Müll in einer Mulde zu liegen kommt, dessen

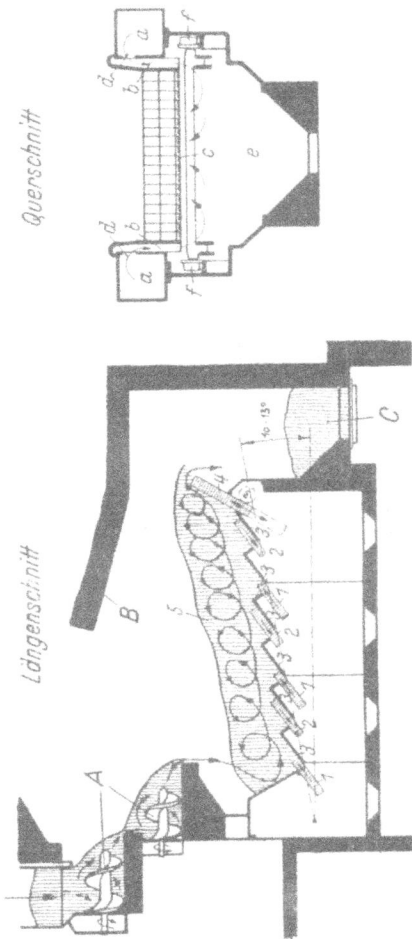

Abb. 33. Kaskadenrost. Längenschnitt: A Beschick- und Vortrocknungsschnecken, B Gaslenkwand, C Schlackenbunker, 1 und 2 gegenläufig bewegte Roststufen, 3 feste Roststufen, 4 Schieber, 5 Brenngut, 6 Rostantrieb. Querschnitt. a Luftkanal, b Seitenwangen, c Rostbahn, d Düsen, e Windkasten, f Rostantrieb.

Seitenwangen hohle von der Verbrennungsluft durchströmte und gekühlte Gußkörper sind und dessen Boden — die eigentliche Rostbahn — aus einer Anzahl von Roststufen besteht.

Ein Teil dieser Roststufen (*3*) ist fest, während die vor und hinter diesen liegenden Stufen (*1* und *2*) beweglich sind und zwar so, daß wenn die einen nach aufwärts gehen sich die anderen nach abwärts bewegen.

Durch diese gegenläufig bewegten Roststufen wird einerseits das Brenngut ständig und kräftig durchgeschürt, sowie anderseits nach vorwärts bewegt.

Auf Grund neuer Erfahrungen erhält der Kaskadenrost gegen das Rostende zu eine Steigung von 10⁰ bis 13⁰. Er ist durch einen Schieber (*4*) abgeschlossen, durch dessen Stellung die Höhe der Brennstoffschicht geregelt werden kann. Durch die nach dem Rostende zu steigende Anordnung der Stufen wird eine kräftige und ständige Umwälzung des Brenngutes bewirkt, wobei die einzelnen Brennstoffteile ein Mehrfaches der Rostlänge zurücklegen müssen und der Verbrennungsluft ständig neue Flächen darbieten. Hierdurch ist aber eine gleichmäßige Verteilung der Verbrennungsluft und damit eine vollkommene Verbrennung gewährleistet.

Die Zuleitung der Verbrennungsluft erfolgt mit einem Druck bis zu 250 mm WS durch die als Hohlkörper ausgebildeten Tragbalken (*a*) der Rostkonstruktion, von wo sie durch regelbare Düsen (*d*) an den Seitenwangen (*b*) der Rostmulde entlang in die unter der Rostbahn angeordneten Windkästen (*e*) gelangt. Von hier tritt die Luft durch Düsen in das Brenngut ein.

Ein wesentlicher Vorteil des Kaskadenrostes für die Müllverbrennung liegt auch darin begründet, daß durch die dauernde kräftige Umwälzung des Brenngutes die Bildung eines zusammenhängenden Schlackenblockes auf dem Roste ausgeschlossen ist, sondern die Schlacke vielmehr in kleineren Stücken von etwa Faust- bis Kopfgröße selbsttätig ausgeschieden wird. Hierdurch ist aber die Anwendung großer Rostflächen überhaupt möglich geworden. Letzteres ist aber gerade für Müll insoferne bedeutungsvoll als bei einer großen Brennstoffmasse die schwankende Müllzusammensetzung auf den Ofen- bzw. Kesselbetrieb einen weniger störenden Einfluß haben muß.

Diese Bau- und Betriebsart des Kaskadenrostes ermöglicht es ferner, wenn ein sehr heizwertarmer Müll zur Verbrennung gelangt oder wenn mehr Dampf erzeugt werden soll als dem Müllheizwert entspricht, hochwertige Zusatzbrennstoffe mit wesentlich besserem Wirkungsgrad gemeinsam mit Müll zu verbrennen, als dies bei den Rostkonstruktionen der Zellenöfen — wie bereits bekannt — der Fall ist.

Die Bau- und Betriebsart eines Müllverbrennungsofens mit Kaskadenrost ist aus Abb. 34 zu ersehen. Der Müll wird mittels Beschick- und Vortrocknungsschnecken (2) dem Kaskadenrost (5) kontinuierlich aufgegeben, welcher die sich bildende Schlacke selbsttätig und kontinuierlich in den Schlakkenbunker (14) abwirft. Von hier gelangt die Schlacke mittels eines Schrägaufzuges (15) nach erfolgtem Ablöschen (17), in einen Schlackenwagen (16), um der Schlacken-Aufbereitungsanlage zugeführt zu werden. Der in den Windkästen sich ansammelnde Rostdurchfall kann mittels einer Transportschnecke (7) gemeinsam mit der Schlacke ausgetragen werden. Der Kohlenzusatz erfolgt mittels der mit einem Kohlenbunker verbundenen Förderschnecke (4). Die Verbrennungsluft wird zunächst dem Unterwind-Verteilungskanal (11) und von hier durch die Leitung (9) dem Kaskadenrost (5) zugeführt. Die Verbrennungsgase werden nach erfolgter Ausnützung in einem Steilrohrkessel (10) durch den Rauchkanal (12) abgeleitet.

Der Kaskadenrost wird ein- und zweiläufig ausgeführt. Der in der Müllverbrennungsanlage von Den Haag aufgestellte und mit einfachen Beschickschnecken ausgerüstete einläufige Kaskadenrost hat eine Breite von 1,3 m und eine Rostfläche von 4,6 m². Seine mittlere Leistung beträgt 3,5 t je Stunde, entsprechend einem Durchsatz von etwa 750 kg je Stunde und Quadratmeter Rostfläche. Diese Leistung bezieht sich auf einen mittleren Müllheizwert von etwa 1000 WE[1] bei einem mittleren Kohlenzusatz (5800 WE/kg) von 4%. — Der neue einläufige Kaskadenrost wird eine Breite von 1,5 m und eine Rostfläche von 7 m² aufweisen. Bei Anwendung von Vortrocknungsschnecken (Abb. 34) wird wohl m. E. die von der

---

[1]) Der Heizwert ist auf Grund einer mechan. Müllanalyse geschätzt worden.

erbauenden Firma angegebene Steigerung des Durchsatzes auf
1 t je Stunde und Quadratmeter Rostfläche erzielt werden
können.

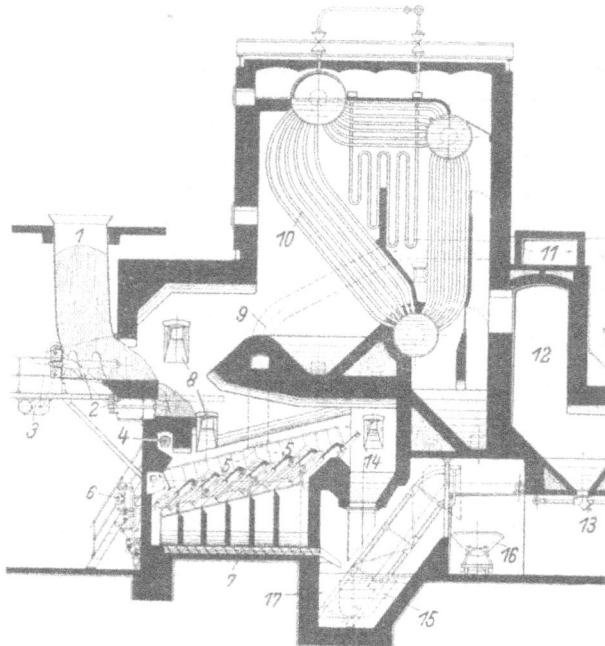

Abb. 34. Entwurf eines neuzeitlichen Müll-Großverbrennungsofens mit
Kaskadenrost System »Vesuvio«: *1* Beschicktrichter, *2* Beschick- und
Vortrocknungsschnecken, *3* Beschickschneckenantrieb, *4* Kohlenzusatz
durch Förderschnecke und Kohlenbunker, *5* Kaskadenrost, *6* Rostantrieb, *7* Transportschnecke für Rostdurchfall, *8* Schautüren, *9* Unterwindleitung, *10* Steilrohrkessel, *11* Unterwind - Verteilungskanal,
12 Rauchkanal, *13* Flugaschenabsaugleitung, *14* Schlackenbunker,
15 Schrägaufzug für Schlacke, *16* Schlackentransportwagen, *17* Schlak-
ken-Ablöschbecken.

Der Kaskadenrost wurde zuerst im Jahre 1923 in der
Müllverbrennungsanstalt Berlin-Schöneberg angewendet, wo
er einen »scheinbaren« Mißerfolg gehabt hat, der aber nicht
in der Unbrauchbarkeit der Rostkonstruktion begründet ist.
Der Grund hierfür war vielmehr der geringe Heizwert des an
Braunkohlenasche überaus reichen Berliner Mülls von zeitweise lediglich 500 WE sowie der Umstand, daß die Rost-

stufen in der Schöneberger Anlage nach dem Rostende zu fallend sowie der Kessel unmittelbar über dem Rost angeordnet war. Die Folge hiervon waren äußerst geringe Feuerraumtemperaturen und dementsprechend eine unvollkommene Verbrennung. Sowohl die Schlacke als auch die Flugasche waren noch stark wärmehaltig.

Die in Berlin-Schöneberg gemachten Erfahrungen haben dann zu der oben beschriebenen Anordnung des Kaskadenrostes geführt, welche sich in der Müllverbrennungsanstalt in Den Haag gut bewährt hat.

2. Mechanischer Schrägrost System Musag[1]).

Diese Rostkonstruktion (Abb. 35) unterscheidet sich vom Kaskadenrost grundsätzlich dadurch, daß die eigentliche Rostbahn ein gegen das Rostende zu nach abwärts geneigter mechanischer Schrägrost ist, der aus einer großen Anzahl fester (a) mit dazwischen liegenden beweglichen Düsenroststäben (b) besteht. Durch diese Rostkonstruktion wird infolge der immer wieder aus der Rostbahnebene hervortretenden beweglichen Düsenroststäbe ein kontinuierliches langsames Vorschieben des Brenngutes und ein ständiges Schüren desselben erreicht, sowie die Bildung eines großen zusammenhängenden Schlackenkuchens verhindert und deren kontinuierliche stückweise Austragung ermöglicht. Hierdurch wird aber eine gute Verteilung und Ausnützung der Verbrennungsluft durch Vermeidung der Bildung von Luftlöchern in der Brennstoffschicht erreicht und die Anwendung großer Rostflächen ermöglicht.

Die Seitenwände (1) der Rostkonstruktion sind hohle Gußkörper, welche von der Verbrennungsluft durchströmt und wirksam gekühlt werden, wobei diese gleichzeitig bis auf etwa 50° bis 70° C vorgewärmt wird.

Die Verbrennungsluft wird mit einem Druck von 150 bis 350 mm WS zunächst in die hohlen Seitenwände (1) des Rostes geleitet und gelangt dann in die unterhalb der Rostbahn angeordneten Windkästen (2) und von hier durch Düsen in das

---

[1]) Angewendet in den neuen Müllverbrennungsanlagen in Kiel, Aachen, Köln und Moskau; gelangt auch durch Skoda als Lizenzfirma in Prag zur Ausführung.

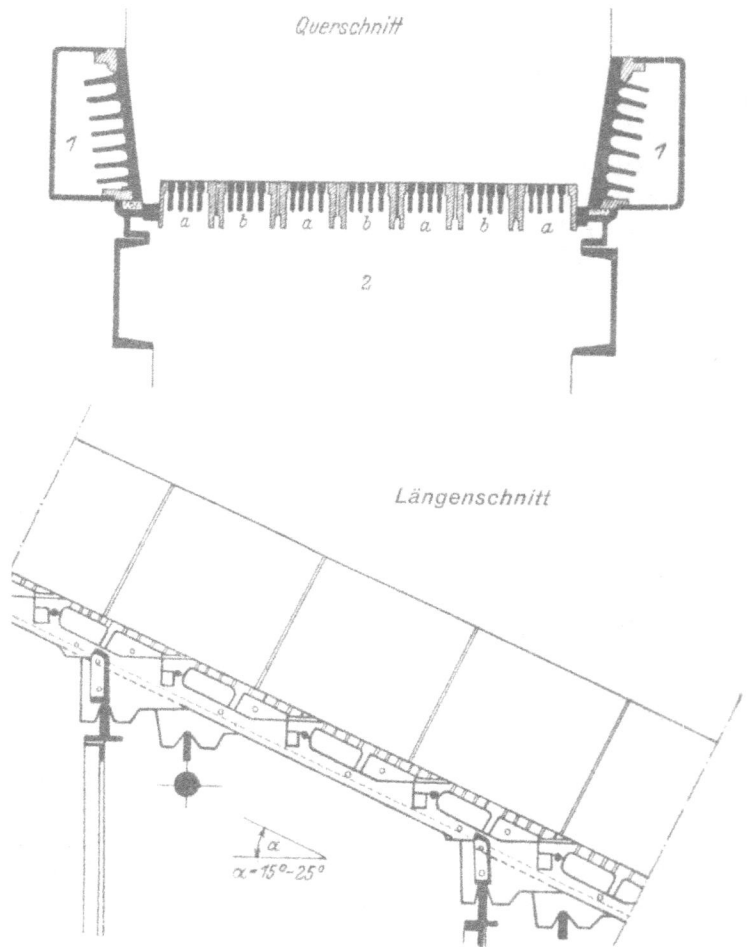

Abb. 35. Mechanischer Schrägrost System »Musag«: Querschnitt:
1 Seitenwangen und Unterwindkanal, 2 Windkasten, a feste Düsenroststäbe,
b bewegliche Düsenroststäbe.

Brenngut. Die Abb. 36 soll eine bessere Vorstellung von einem
Düsenroststab ermöglichen.

Die Anordnung der Rostkonstruktion (Abb. 37) wird derart getroffen, daß der Müll aus dem Müllbunker (1) zunächst

auf einen darunter angeordneten mechanischen Aufgeberost (*3*)
fällt, wo er vorgetrocknet und kontinuierlich dem eigent-
lichen Müllverbrennungsrost (*4*) aufgegeben wird, auf welchem
er nacheinander durch die Zünd- und Verbrennungszone nach
dem Schlackenbunker (*7*) wandert. Die sich bildende Schlacke

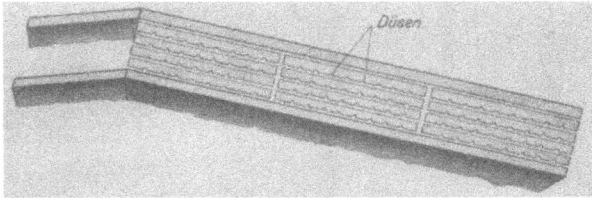

Abb. 36. Düsenroststab: Perspektivische Draufsicht.

fällt selbsttätig in kleineren Stücken von etwa Faust- bis
Kopfgröße in den Sammelbunker, an dessen Boden eine
gezahnte Walze (*8*) eingebaut ist, welche die Schlacke zerkleinert und kontinuierlich einem darunter angeordnetem
Schlackentransportband (*10*) aufgibt. Die Bewegung des Rostes
erfolgt durch elektrischen Antrieb. Die Überwachung der
Öfen erfolgt durch seitlich angebrachte Öffnungen, welche es
ermöglichen, den auf dem Rost befindlichen Müll zeitweise
mittels eines eisernen Hakens gleichmäßig über die Rostfläche
zu verteilen und durchzuarbeiten.

Der Musag-Schrägrost wird als Doppelrost in drei verschiedenen Größen ausgeführt, von denen erfahrungsgemäß
Größe I bei 8 m² Gesamtrostfläche eine Verbrennungsleistung
von 4 t je Stunde, Größe II bei 12 m² Gesamtrostfläche eine
solche von 6 t je Stunde und Größe III bei 16 m² Gesamtrostfläche eine solche von 8 t je Stunde aufzuweisen hat. Der
Durchsatz ergibt sich also in den drei Fällen zu 500 kg je Stunde
und Quadratmeter Rostfläche. Die Feuerraumtemperaturen
belaufen sich auf 900⁰ bis 1000⁰ C. Diese Leistungen beziehen
sich auf einen Müllheizwert von 1200 WE.

Als wesentlicher Bestandteil des Müll-Großverbrennungsofens System Musag ist eine Kohlenstaubzusatzfeuerung (*11*)
und (*12*) anzuführen, welche über der Rostbahn angeordnet
wird, so daß die Kohlenstaubflamme auf den Müll gerichtet

ist. Hierdurch sind selbst bei sehr feuchtem Müll Zündschwierigkeiten nicht mehr möglich. Die Kohlenstaubzusatzfeuerung tritt naturgemäß nur dann in Tätigkeit, wenn der Müll sehr wärmearm ist und allein nicht verbrannt werden kann oder aber, wenn mehr Dampf erzeugt werden soll, als dem Heizwert des Mülls entspricht.

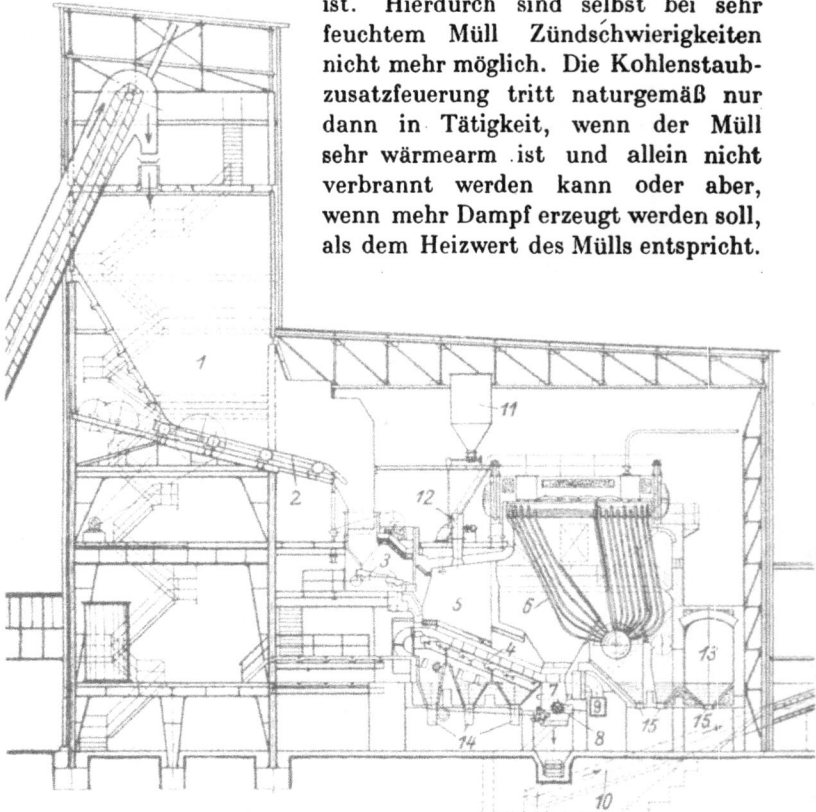

Abb. 37. Müll-Großverbrennungsofen in Köln mit mechanischem Schrägrost System »Musag«: *1* Müllbunker, *2* selbsttätiger Schieber, *3* mechanischer Aufgaberost, *4* mechanischer Schrägrost, *5* Feuerraum, *6* Steilrohrkessel System »Humboldt«, *7* Schlackenbunker, *8* Schlackenwalze, *9* Unterwindkanal, *10* Schlackentransportband, *11* Kohlenstaubbunker, *12* Kohlenstaubfeuerung, *13* Rauchkanal, *14* Rostdurchfall, *15* Flugaschenaustragung.

Schlußwort zu Kapitel 11/7 c.

Der Kaskadenrost und der Musag-Schrägrost sind aus dem Bestreben hervorgegangen die wirtschaftliche wärmetechnische Verwertung des heizwertarmen Nachkriegsmüll durch restlose Mechanisierung des Feuerungsbetriebes zu ermöglichen.

Beschickung und Entschlackung des Rostes sowie die
Schürung des Brenngutes erfolgt vollkommen mechanisch und
kontinuierlich, so daß die Wahl großer Rostflächen ermöglicht
und hierdurch, infolge der Vergrößerung der Glutmasse, eine
geringere Empfindlichkeit des Ofen- und Kesselbetriebes
gegenüber der schwankenden Müllzusammensetzung erzielt
wird. Die Arbeit des Heizers beschränkt sich lediglich auf eine
Bedienung der Reguliervorrichtungen. Als wesentlichster und
größter Vorteil dieser Müllofenkonstruktionen ist die gebotene
Möglichkeit hochwertige Brennstoffe, sei es in Form einer
Müll-Kohlemischung oder mittels einer Kohlenstaubzusatzfeuerung, mit gutem Wirkungsgrad zufeuern zu können. Hierdurch ist es einerseits überhaupt möglich sehr heizwertarmen
Müll wirtschaftlich zu verbrennen und anderseits besitzt man
die für eine wirtschaftliche Dampfverwertung besonders für
große Müllverbrennungsanlagen meist überaus wertvolle Möglichkeit, sich hinsichtlich der Dampfproduktion vom schwankenden Müllheizwert unabhängig zu machen.

Sie kommen somit für Großstädte in Frage, wenn von
vornherein mit der Notwendigkeit der Zufeuerung hochwertiger
Brennstoffe zu rechnen ist. In diesem Fall ist aber m. E. ihre
Anwendung aus den erwähnten Gründen unbedingt zu empfehlen. Für kleine und auch mittlere Anlagen soll man bei
verhältnismäßig heizwertstarkem Müll (etwa im Mittel über
1200 WE) eine neuzeitliche Schacht- oder Zellenofenkonstruk-
tion vorziehen (s. auch S. 93).

Als ein Nachteil der besprochenen mechanischen Rostkonstruktionen möchte ich anführen, daß bei ihrer Anwendung
m. E. eine möglichst gründliche elektromagnetische Enteisenung des Mülls vor seiner Verbrennung unbedingt
empfohlen werden muß, da sonst die ständige Gefahr besteht,
daß sich spitze Eisengegenstände zwischen die beweglichen
Rostteile einklemmen und dadurch zur Beschädigung der
Rostkonstruktion, sowie zu Betriebsstörungen, Anlaß geben
können. Dieser Umstand ist aber insofern nicht besonders
schwerwiegend, als eine Enteisenung des Mülls vor seiner
Verbrennung aus wirtschaftlichen und wärmetechnischen
Erwägungen heraus stets empfehlenswert ist.

Es sei endlich schon bei dieser Gelegenheit darauf hingewiesen, daß die angegebenen Leistungen und damit auch die
Wirtschaftlichkeit der eben besprochenen Müllfeuerungsanlagen durch Anwendung hochgradig erhitzter Verbrennungsluft wesentlich verbessert werden könnte (s. S. 121).

8. Anlagen zur Wärmeverwertung.

Die durch Verbrennung des Mülls entwickelte Wärme kann
und soll zur Dampferzeugung in einer angegliederten Kesselanlage verwendet werden. Es soll mit Rücksicht auf den Zweck
der vorliegenden Arbeit lediglich auf die für die Müllverbrennung zweckmäßige Wahl des Kesselsystems und dessen Anordnung hingewiesen werden.

Was die Anordnung des Kessels anbelangt, so wurde
dieser in den älteren englischen Anlagen unmittelbar über dem
Rost aufgestellt, was sich jedoch bei dem geringen Heizwert
des Mülls infolge einer zu starken Abkühlung des Feuerraumes
als unzweckmäßig erwiesen hat. Man ging daher dazu über den
Kessel vom Feuerraum zu trennen, indem man ihn in einem
besonderen, mit der Ofenanlage durch einen Rauchkanal verbundenen Kesselhaus unterbrachte. Diese räumliche Trennung von Ofen- und Kesselanlage erwies sich alsbald, infolge
zu großer Wärmeverluste im Rauchkanal und dem sich daraus
ergebenden geringen Wirkungsgrad, ebenfalls als unzweckmäßig. Man erkannte endlich als einzig richtige Anordnung,
den Kessel mit der Feuerungsanlage zu einem einheitlichen
Aggregat zusammenzubauen, indem man den Kessel unmittelbar hinter der Feuerungsanlage einbaute, wobei meistens
dazwischen eine zur Nachverbrennung und Flugaschenausscheidung bestimmte Verbrennungskammer eingeschaltet wird.

Was das Kesselsystem selbst anbelangt, so sind gleichlaufend mit deren Entwicklung Großraumkessel, Wasserrohrkessel,
stehende und liegende Rauchröhrenkessel und Steilrohrkessel
mit mehr oder weniger großem Erfolge angewendet worden.

Bei der Beurteilung der Eignung eines Kesselsystems für den
Müllverbrennungsbetrieb ist vor allen Dingen auf den großen
Gehalt der Heizgase an Flugasche hinzuweisen, welche sich an
der Kesselheizfläche ansetzen kann, wo sie den Wärmedurchgang
erschwert und somit den Wirkungsgrad der Anlage verringert.

Es ist daher jenem Kesselsystem der Vorzug einzuräumen, welcher durch seine Bauart diesem Umstand im weitesten Maße Rechnung trägt. Ich glaube daher dem Steilrohrkessel, infolge der vertikalen Anordnung der Heizrohre den größten Vorteil einräumen zu dürfen, um so mehr, als dieser noch eine ganze Reihe anerkannter wirtschaftlicher Vorteile besitzt.

Was den Betrieb der Kesselanlage anbelangt, so muß dafür gesorgt werden, daß sowohl die Entfernung der unter dem Kessel sich ansammelnden Flugasche als auch die Reinigung der Kesselheizfläche ohne Betriebsstörung möglich ist.

Abb. 38. Einsaugbehälter der Flugaschentransportanlage der Müllverbrennungsanstalt in Rotterdam.

Die Flugaschenaustragung muß vollkommen staubfrei erfolgen. Dies kann entweder mittels eines Flugaschentransportwagens besonderer Bauart geschehen oder aber, was wirtschaftlicher ist und sich in vielen Anlagen gut bewährt hat, mittels einer pneumatisch betriebenen Flugaschentransportanlage zeitweise abgezogen und einem Einsaugbehälter zugeführt werden, von wo der Abtransport unter Anfeuchten der Flugasche mit Wasser staubfrei erfolgen kann (Abb. 38).

Was die Reinigung der Kesselheizfläche anbelangt, so hat diese je nach dem Flugaschenanfall in gewissen Zeitintervallen durch Abblasen mit Heißdampf oder Druckluft mittels geeignet angeordneter Flugaschenbläser zu erfolgen.

8*

Zugerzeugungsanlage.

Zu jeder Feuerungsanlage gehört auch ein Zugerzeugungs-
organ. Während die Unterwindanlage lediglich zur Zufüh-
rung der im Feuerraum notwendigen Verbrennungsluft dient,
muß dafür gesorgt werden, daß die Heizgase durch die Kessel-
züge bewegt und nach ihrer Ausnützung ins Freie geschafft
werden. Dies kann entweder durch natürlichen Schornsteinzug
oder durch künstlichen Zug mit-
tels eines Saugventilators geschehen.

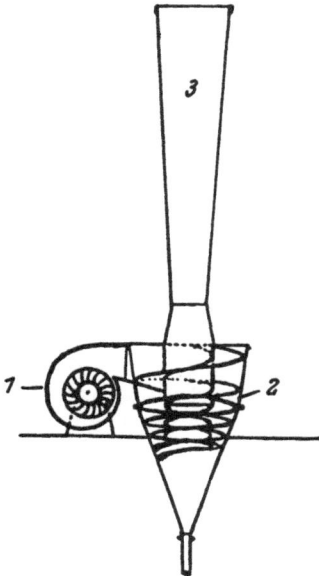

Der Schornsteinzug, dessen
Zugwirkung von der Höhe und
dessen Leistung von dem Querschnitt des Schornsteines abhängig ist, erfordert höhere
Anlagekosten bei allerdings geringeren Betriebskosten. Als Vorzug des Kaminzuges, speziell
für Müllverbrennungsanlagen,
wird immer wieder der Umstand
angeführt, daß die Ausscheidung
der Rauchgase in beträchtlicher
Höhe erfolgt und daher die Gefahr einer Geruch- und Staubbelästigung der Umgebung wesentlich kleiner ist als bei den
niederen Schornsteinen der Saug-
zuganlagen. Ich muß diesen irr-
tümlichen Einwand dahin wider-
legen, daß einerseits eine Geruchbelästigung durch den Müllver-

Abb. 39. Trockenmechanischer
Rauchgasreiniger System »Prat«.
1 Saugzugventilator. 2 Entstauber,
3 Kamin.

brennungsbetrieb insoferne nicht zu befürchten ist, als die neuzeitlichen Müllfeuerungsanlagen die Ofentemperatur von 700° C
im Dauerbetrieb überschreiten und anderseits die Staubbelästigung durch Einbau eines billigen Rauchgasreinigungsapparates
beseitigt werden kann. Für die Reinigung der Rauchgase
kommen für Müllverbrennungsanlagen die bekannten trockenmechanischen Rauchgasreiniger System Prat in erster Linie
in Frage, da sie in der Anschaffung und im Betrieb verhältnis-

mäßig billig und in ihrer Wirkung bei einer Staubabscheidung bis zu 75% m. E. ausreichend sind. Dieser in Abb. 39 dargestellte Apparat beruht auf der Tatsache, daß bei einem durch eine Spirale geleiteten staubhaltigen Gasstrom, infolge der verschieden großen Zentrifugalkraft der Staub- und Gasmoleküle, eine Anreicherung der Außenschichten des Gasstromes mit Staub stattfindet. Diese mit Staub angereicherte Gasschicht wird dann durch eine Schälkante abgeleitet und in einem Zyklon entstaubt.

Einen höheren Reinigungsgrad als die trockenmechanischen Rauchgasreiniger besitzen die Naßentstauber und die Elektrofilter. Die elektrische Rauchgasreinigung hat neuerdings in der 1928 erbauten Müllverbrennungsanlage in Zürich Anwendung gefunden. Der große Vorteil dieses Verfahrens ist der erzielbare hohe Wirkungsgrad. Diese sicherlich erwünschte gründliche Rauchgasreinigung erfordert aber sehr hohe Anlagekosten und soll daher nicht zur allgemeinen Anwendung empfohlen werden, um so mehr als die trockenmechanische Rauchgasreinigung für den Müllverbrennungsbetrieb meist ausreichend sein wird.

Einen großen Vorzug des künstlichen Zuges besonders für Müllverbrennungsanlagen erblicke ich vor allen Dingen darin, daß durch seine Anwendung eine bessere Ausnützung der Rauchgaswärme zur Vorwärmung der Verbrennungsluft ermöglicht wird. Während nämlich bei natürlichem Kaminzug eine Abkühlung der abziehenden Rauchgase bis höchstens 180° bis 190° C möglich ist, kann man bei Anwendung von Saugzug auf 80° bis 100° C heruntergehen.

9. Leistungssteigerung von Müllverbrennungsanlagen.

Die Leistung einer Müllverbrennungsanlage ist einerseits von deren Bauart und anderseits von dem Heizwert des zur Verbrennung gelangenden Mülls abhängig.

Was die Rostleistung anbelangt, so ist gelegentlich der Besprechung der Müllfeuerungen jeweils darauf hingewiesen worden. Hinsichtlich der Dampferzeugung ist zu sagen, daß sie dem Müllheizwert entsprechend erheblichen für die Möglichkeit einer wirtschaftlichen Dampfverwertung höchst unerwünschten Schwankungen unterworfen ist. In einer neuzeit-

lichen Anlage wird man die auf Seite 63 angegebene Leistung
erzielen und bei einem unteren Heizwert des Mülls von 1000 WE,
aus 1 kg Müll 0,7 kg Dampf von 100° C erzeugen können.

Für die Erhöhung der Wirtschaftlichkeit der Müllverbrennung ist es von größter Bedeutung auf die Möglichkeiten der
Leistungssteigerung hinzuweisen und auch die Verfahren zu
erörtern, welche es ermöglichen sich von dem stark schwankenden Müllheizwert unabhängig zu machen. Es sind in diesem
Zusammenhang folgende Verfahren zu nennen:

a) die möglichst weitgehende Vortrocknung des Mülls;
b) die Anwendung hochgradig vorgewärmter Verbrennungsluft unter Ausnützung der Wärme der abziehenden Rauchgase;
c) das Absieben des Feinmülls;
d) das Zufeuern hochwertiger Brennstoffe.

a) Vortrocknung des Mülls.

Es wurde bereits auf Seite 56 darauf hingewiesen, daß der
Feuchtigkeitsgehalt des Mülls bei dessen Verbrennung von
großer Bedeutung ist. Der Einfluß des Feuchtigkeitsgehaltes
des Mülls auf dessen Verbrennungsprozeß und damit die Vorteile und Bedeutung seiner Vortrocknung, wurde von Frémond
in Paris untersucht. Er benützte hierzu einen Brechot'schen
Verbrennungsofen bestehend aus 4 Zellen, die mit einem Wasserrohrkessel »System Niclausse« von 340 m² Heizfläche verbunden waren.

Die Versuche ergaben bei einem Unterschied im Feuchtigkeitsgehalt des Mülls von 22% (von 50% auf 28%) einen
Unterschied in der Größe der Rostleistung von 40%. Hierbei
konnten die Verdampfungsziffern, welche bei einem Feuchtigkeitsgehalt des Mülls von 48 bis 50% die Höhe von 0,65
bis 0,8 kg Dampf je 1 kg Müll erreichten, durch dessen Herabsetzung auf 28 bis 30% auf eine Höhe von 0,90 bis 1,2 kg
Dampf je 1 kg Müll gebracht werden.

Das Ergebnis dieser Versuche führte dazu, daß man in der
neuen im Jahre 1927 erbauten Müllverbrennungsanlage von
»Paris-Issy-les-Moulineaux« besondere Einrichtungen vorgesehen hat, die unter Heranziehung der Abgaswärme eine Vortrocknung des Mülls ermöglichen sollen. Dieser Vortrockner (es

sind deren zwei aufgestellt), der über dem Beschickboden der Öfen in einem besonderen Stockwerk der Anlage untergebracht ist, besteht aus einer rotierenden Trockentrommel von 24 m Länge und 3,5 m Durchmesser, entsprechend einer Leistung von 40 t Müll je Stunde. Der Müll wird mittels einer Schnecke durch die Vortrocknungstrommel bewegt und bleibt etwa 30 Minuten lang mit den durchgeleiteten Abgasen in Berührung. Die Abgase treten mit etwa 220° C in den Vortrockner ein und verlassen diesen mit 110° C. Die ausgenützten Abgase müssen bevor sie ins Freie gelangen in besonderen Vorrichtungen von den mitgeführten Staubteilchen gereinigt werden. Dieses Verfahren zur Vortrocknung von Müll erfordert ein großes Anlagekapital, sowie hohe Betriebskosten, und soll daher zur Nachahmung nicht empfohlen werden.

Ein zweifellos wirtschaftlicheres Verfahren ist m. E. die Vortrocknung des Mülls auf innerhalb des Feuerraumes angeordneten Vortrocknungsstufen, während die Abgaswärme zur hochgradigen Vorwärmung der Verbrennungsluft herangezogen wird. In diesem Zusammenhang muß ich auf die vorteilhafte Verwendung von Beschickschnecken bei Müllverbrennungsöfen nochmals hinweisen, da diese durch die Auflockerung des Mülls dessen Vortrocknung erleichtern (s. S. 67).

b) Anwendung hochgradig vorgewärmter Verbrennungsluft unter Ausnützung der Wärme der abziehenden Rauchgase.

Der große Vorzug der Vorwärmung der Verbrennungsluft ist darauf zurückzuführen, daß die zur vollkommenen Trocknung und Zündung des Mülls nötige Wärme nicht mehr dem aktiven Teil des Ofens entnommen werden braucht. Die durch die Luftvorwärmung zu erzielende Produktionssteigerung ist aus folgenden Angaben nach Scheeren (s. Lit. 23) zu ersehen. Es beträgt hiernach bei einer

Temperatur der Verbrennungsluft von 100° C die Produktionssteigerung 8%,

Temperatur der Verbrennungsluft von 200° C die Produktionssteigerung 20%,

Temperatur der Verbrennungsluft von 300° C die Produktionssteigerung 42%.

Dieser günstige Einfluß der Luftvorwärmung auf den Verbrennungsprozeß wurde bis jetzt in bekannter Weise dadurch
berücksichtigt, daß man einerseits den Unterwind zur Kühlung
der Rostkonstruktion und anderseits auch die Schlackenwärme zu seiner Erhitzung heranzog. Auf diese Art kann eine
Vorwärmung bis auf höchstens 100 bis 120⁰ C erzielt werden.

Von Bedeutung ist jedoch die Erzielung einer für die ganze
Dauer des Verbrennungsbetriebes möglichst konstant bleibende
Temperatur der Verbrennungsluft von 250⁰ bis 300⁰ C, welche
nur mittels besonderer Luftvorwärmer unter Auswertung der
Wärme der abziehenden Rauchgase erreicht werden kann.

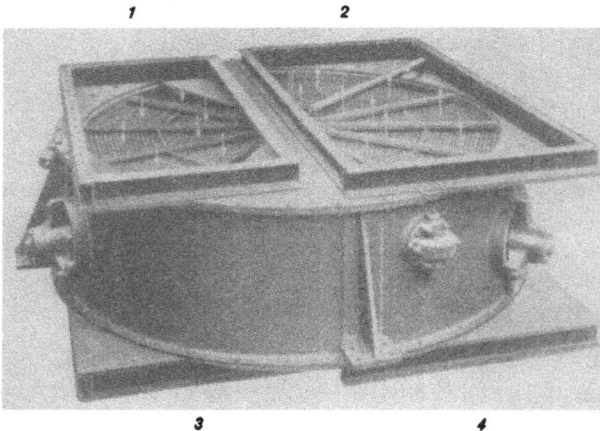

Abb. 40. Ljungström-Luftvorwärmer. *1* Eintritt der kalten Luft, *2* Austritt
der abgekühlten Gase, *3* Austritt der heißen Luft, *4* Eintritt der heißen Gase.

Diese Art der Abwärmeverwertung ist aus wirtschaftlichen
Gründen m. E. um so mehr geboten und naheliegend, als die
Abgase der Kesselanlagen andernfalls mit Temperaturen von
erfahrungsgemäß 280⁰ bis 400⁰ C ungenutzt ins Freie ent-
weichen.

Die Luftvorwärmer sind entweder auf dem Rekuperativ-
oder dem Regenerativprinzip aufgebaut. Bei den Rekupera-
tiv-Luftvorwärmern wird die vorzuwärmende Luft getrennt von den Heizgasen durch die Heizflächen (Rohre oder
Platten) geleitet und die Wärme durch die Heizflächen hindurch übertragen, während bei den Regenerativ-Luft-

vorwärmern die Wärme in die Heizflächen aufgespeichert wird, welche dann in den zu erwärmenden Luftstrom hineinbewegt und hier entladen werden. Es sind also Verbrennungsluft und Rauchgase nicht durch Heizflächen getrennt.

Die Regenerativ-Luftvorwärmer haben den in ihrer Bauart begründeten Vorzug großer Billigkeit und größter Leistungsfähigkeit bei gleichzeitigem geringem Raumbedarf. Als sehr vollkommenen Regenerativ-Luftvorwärmer möchte ich den Ljungström-Luftvorwärmer (Abb. 40) anführen, der sich m. E. wegen seiner großen Leistungsfähigkeit zur Anwendung in Müllverbrennungsanlagen sehr gut eignet und vor allen anderen Konstruktionen den Vorzug verdient, soferne nicht infolge einer besonderen Anordnung des Luftvorwärmers, wie dies beim Inferno-Ofen der Fall ist (s. S. 103), ein anderes System Verwendung finden muß. Ein Ljungström-Luftvorwärmer wird sich zumal bei Müll-Großverbrennungsöfen mit mechanischer Rostkonstruktion stets bezahlt machen und sollte für diesen Fall immer vorgesehen werden.

c) Absieben des Feinmülls.

Wie auf Seite 56 angeführt worden ist, kann eine gewisse Erhöhung des Müllheizwertes und damit eine Leistungssteigerung des Müllverbrennungsbetriebes durch Absieben des wärmearmen Feinmülls in einer mechanischen Siebanlage erzielt werden, wobei gleichzeitig auch die im Müll enthaltenen Metalle durch Elektromagneten ausgeschieden werden können.

Hygienische Bedenken gegen die Feinmüllabsiebung sind unberechtigt, da nach dem heutigen Stand der Technik praktisch vollkommen staubfrei arbeitende Siebanlagen gebaut werden können. Es muß jedoch der wirtschaftlichen Seite dieses Verfahrens mehr Aufmerksamkeit zugewendet werden. Die Siebanlage erfordert nämlich ein verhältnismäßig hohes Anlagekapital und sollte daher aus wirtschaftlichen Gründen nur dann angewendet werden, wenn einerseits der Müll einen sehr hohen Gehalt an unverbrennlichem Feinmüll von etwa über 45% und dementsprechend einen wesentlich geringeren Heizwert als 800 WE/kg aufweist und anderseits, wenn gleichzeitig die Möglichkeit einer finanziell günstigen Verwertung des Feinmülls gegeben ist.

Die einfachste und im allgemeinen wirtschaftlichste Art der Feinmüllverwertung ist jene als Düngemittel. Es ist hierbei, wie auf Seite 36 angedeutet worden ist, aus wirtschaftlichen Gründen die maschinelle Herstellung eines Mengedüngers aus frischem Klärschlamm, Feinmüll und Flugasche der Müllfeuerungen angezeigt, wobei der Feinmüll und die Flugasche als Aufsaugmittel des im Klärschlamm befindlichen Wassers dienen. Die Wirtschaftlichkeit dieser Art der Feinmüllverwertung ist an Arbeitslöhne zur Herstellung des Düngers, an Transportkosten und an geeignete Ländereien für einen Dauerabsatz also an örtliche Verhältnisse gebunden.

Eine andere Art und Möglichkeit der Feinmüllverwertung ist die Herstellung von Kunstbasaltsteinen nach dem Musagverfahren.

Nach dem ursprünglich in der neuen Müllverbrennungsanlage in Kiel angewendeten Musagverfahren wird der abgesiebte Feinmüll unter Zusatz der Flugasche mit Wasser angefeuchtet, in Steinform gepreßt, dann getrocknet und hiernach unter Beigabe der üblichen Schmelzzuschläge (Koks, Kalk und Kieselsäure) in einem Wassermantelofen bei Temperaturen von 1300° C bis 1400° C geschmolzen. Die geschmolzene Masse wird unmittelbar in transportable und beliebig geformte Kästen abgegeben, in welchen die Abkühlung und Erhärtung stattfindet.

Nach einem verbesserten Verfahren, welches in der neuen Kölner Müllverwertungsanlage zur Anwendung gelangte, wird die Schmelzung des Feinmülls in Drehrohröfen vorgenommen, was ohne eine vorhergehende Brikettierung des Feinmülls geschehen kann. Bei Verwendung des Drehrohrofens hat man gleichzeitig auch die Möglichkeit entweder bei einer Ofentemperatur von 900° C eine ausgezeichnete Sinterschlacke von 1500 kg/cm² Druckfestigkeit zu erzeugen oder aber bei einer Ofentemperatur von 1100° C den Feinmüll zu schmelzen, worauf das Schmelzgut mit Hilfe fahrbarer Kübel in Formkästen vergossen wird und durch Erhärten einen Kunstbasaltstein von 4000 kg/cm² Druckfestigkeit ergibt.

Die chemische Analyse dieser Kunstbasaltsteine erwies sich mit der des natürlichen Basalts identisch und auch was ihre Wetterbeständigkeit, sowie Bearbeitungsmöglichkeit, anbelangt, stehen sie den natürlichen Gesteinsarten nicht nach (s. Lit. 1 u. 12).

Die Feinmüllverwertung nach dem Musagverfahren kann mit Rücksicht auf die hochwertigen Erzeugnisse als technisch vollkommen bezeichnet werden. Das zur Schmelzanlage erforderliche Anlagekapital, sowie deren Unterhaltungs- und Betriebskosten, sind jedoch so bedeutend, daß an eine Wirtschaftlichkeit dieser Art der Feinmüllverwertung m. E. im allgemeinen gezweifelt werden muß. So mußte in Kiel die Schmelzanlage wegen ihrer Unwirtschaftlichkeit stillgelegt und der abgesiebte Feinmüll als Dünger abgegeben werden. Wie bereits erwähnt, ist in Kiel ein älteres Schmelzverfahren angewendet worden, während das wirtschaftliche Ergebnis des in Köln angewendeten Drehrohrofenbetriebes noch abgewartet werden muß.

d) Zufeuern hochwertiger Brennstoffe.

Die bequemste Art der Leistungssteigerung von Müllverbrennungsanlagen ist die Zufeuerung hochwertiger Brennstoffe. Sie bietet einerseits die Möglichkeit zu einer beliebigen Leistungssteigerung und anderseits zum Ausgleich der Schwankungen des Müllheizwertes.

Die Zufeuerung kann entweder durch Zumischen des Zusatzbrennstoffes oder mittels einer Kohlenstaubzusatzfeuerung erfolgen[1].

Gegen die Zumischung der Zusatzbrennstoffe sprechen die Schwierigkeiten einen richtigen chemischen Verbrennungsprozeß durchführen zu können. Brennstoffe von sehr verschiedener chemischer und physikalischer Zusammensetzung, wie Müll und Kohle, können wirtschaftlich unter gleichen Luftverhältnissen innerhalb der gleichen Zeitdauer schwer verfeuert werden. Müll wird früher verschlacken als der Zusatzbrennstoff und dieser wird somit in unvollständig verbranntem

---

[1] Als Zusatzbrennstoff wurde stellenweise (z. B. Frankfurt a. M.) auch entwässerter Klärschlamm — allerdings mit unbefriedigendem Erfolg — herangezogen. Da sich die Faulgasgewinnung aus Klärschlamm als gut geeignetes Verwertungsverfahren für diesen erwiesen hat, kommt von vornherein seine Verbrennung mit Müll nicht in Frage.

Zustand in den Verbrennungsrückständen wieder zu finden sein. Diese Tatsache ist besonders für auf Handschürung angewiesene Müllfeuerungsanlagen (Zellenöfen) von Bedeutung und hat zur Entwicklung der mechanischen Rostkonstruktionen geführt. Durch dauernde, kräftige Schürung bieten diese Rostkonstruktionen und insbesondere der Kaskadenrost die Möglichkeit große Mengen hochwertiger Zusatzbrennstoffe mit hohem Wirkungsgrad gemeinsam mit Müll zu verbrennen.

Die wirtschaftlichste Art der Zufeuerung hochwertiger Brennstoffe ist m. E. trotzdem im allgemeinen durch Anwendung einer Kohlenstaubzusatzfeuerung gegeben, wobei Abfälle der Stein- und Braunkohlegewinnung im zementfeingemahlenen Zustand zur Verbrennung gelangen, die aus einem Bunker, mittels eines Gebläses, durch eine Düse in den entsprechend geformten Feuerraum gelangen, wo sie entzündet werden. Auf diese Art kann der Zusatzbrennstoff hochgradig mit 95% bis 99% Ausnützung verbrannt werden, wodurch naturgemäß auch die Zufeuerung einer geringeren Kohlenmenge erforderlich und damit ein wirtschaftlicherer Müllverbrennungsbetrieb möglich ist.

Schlußwort zu Kapitel 11/9.

Zusammenfassend ist festzustellen:

1. Für die Steigerung der Leistung und damit der Wirtschaftlichkeit der Müllverbrennungsanlagen ist eine weitgehende Vortrocknung des Mülls und die Anwendung hochgradig erhitzter Verbrennungsluft von größter Bedeutung und daher in allen Fällen durchzuführen. Aus wirtschaftlichen Gründen hat die Vortrocknung des Mülls innerhalb der Feuerungsanlage auf entsprechend angeordneten Vortrocknungsstufen zu erfolgen, während die hochgradige Vorwärmung der Verbrennungsluft mittels besonderer Luftvorwärmer unter Auswertung der Wärme der abziehenden Rauchgase vorzunehmen ist.

2. Die Leistungssteigerung der Müllverbrennungsanlagen durch Vorbehandlung des Mülls in besonderen Siebanlagen ist nur dann wirtschaftlich gerechtfertigt, wenn der Gehalt an unverbrennlichem Feinmüll mehr als 45% beträgt und wenn gleichzeitig die örtlichen Verhältnisse die Verwertung des abgesiebten Feinmülls als Dünger ermöglichen. Hierbei ist die

maschinelle Herstellung von »Mengedünger« aus Feinmüll, frischem Klärschlamm und Flugasche zu empfehlen. Die Feinmüllverwertung durch Schmelzung zur Herstellung von Kunstbasaltsteinen ist, soweit bis jetzt praktische Erfahrungen vorliegen, nicht wirtschaftlich.

3. Von größter wirtschaftlicher Bedeutung für die Müllverbrennung ist die Zufeuerung hochwertiger Brennstoffe, da man hierdurch die Möglichkeit einer beliebigen Leistungssteigerung erreicht und gegebenenfalls einen Ausgleich der erheblichen Schwankungen des Müllheizwertes herbeizuführen vermag. Hierbei verdient die Anwendung einer Kohlenstaubzusatzfeuerung gegenüber der Brennstoffzumischung im Allgemeinen den Vorzug, da bei der Kohlenstaubfeuerung infolge der reinen Verbrennung eine bessere Brennstoffausnützung möglich ist.

10. Verwertung der Verbrennungsprodukte.

Die Grundlage und Hauptbedingung für die Wirtschaftlichkeit des Müllverbrennungsbetriebes bildet eine gute Ofenanlage, die einerseits eine vollkommene Verbrennung und damit die Erzielung einer hochwertigen Schlacke ermöglicht und anderseits die weitgehendste Ausnützung der Verbrennungswärme zur Dampferzeugung gewährleistet.

Hierdurch ist zunächst lediglich für eine gute Brennstoffausnützung und für möglichst niedrige Kosten des erzeugten Dampfes gesorgt, sowie die Voraussetzung für die Möglichkeit einer wirtschaftlichen Verwertung der Verbrennungsrückstände erfüllt. Es muß jedoch im Interesse einer Gesamtwirtschaftlichkeit auch für eine zweckmäßige Art der Dampf- und Schlackenverwertung gesorgt werden.

a) Dampfverwertung.

Sie hat in erster Linie zur Deckung des Eigenbedarfes an Heiz- und Brauchzwecken zu erfolgen. Der Dampfüberschuß kann

1. zur Elektrizitätserzeugung in einer eigenen Stromerzeugungsanlage herangezogen werden,
2. in Form von Dampf an benachbarte Elektrizitätswerke oder andere dampfverbrauchende Betriebe abgegeben werden,

3. zur Warmwassererzeugung verwertet werden, welches
durch Umlaufpumpen und Rohrnetz dem Gebrauchs-
ort zugeführt wird.

Maßgebend für die Art der Dampfverwertung von Müllverbrennungsanlagen ist der Umstand, daß die Dampfproduktion im Verlaufe eines Jahres erheblichen Schwankungen
unterworfen ist. Es kann somit im allgemeinen nur jene
Verwertungsart Aussicht auf wirtschaftlichen Erfolg haben,
welche die Dampfabgabe während der ganzen Dauer eines
Jahres im Verhältnis zu seiner Produktion ermöglicht.

Die weitaus meisten Müllverbrennungsanlagen sind gegenwärtig noch für ausschließliche Elektrizitätserzeugung ausgebaut. Diese Art der Dampfverwertung muß auf Grund der
gemachten Erfahrungen im allgemeinen als unwirtschaftlich
bezeichnet werden und zwar infolge der niederen erzielbaren
Strompreise. Diese sonderbare Erscheinung ist darauf zurückzuführen, daß die Elektrizitätswerke den von den städtischen
Müllverbrennungsanstalten an ihr Netz abgegebenen Strom
lediglich als Abfallkraft zu bewerten geneigt sind. Ähnliches
gilt bekanntlich auch für die Verwertung des Faulgases städti-
scher Kläranlagen, worauf bei dieser Gelegenheit hingewiesen sei.

Eine wesentlich zweckmäßigere und wirtschaftlichere
Dampfverwertung wird dadurch erzielt, daß man die Müllverbrennungsanstalten in unmittelbarer Nähe von öffentlichen
Elektrizitätswerken, von Gaswerken oder von Industrien mit
während des ganzen Jahres auftretendem nahezu gleichbleiben-
dem Wärmebedarf baut. Während man die für den Eigenbedarf nötige elektrische Energie von dem Stromversorgungs-
unternehmer bezieht, gibt man den selbst erzeugten Dampf
unmittelbar an die genannten Betriebe ab. Die großen wirtschaftlichen Vorteile dieser Art der Dampfverwertung sind
darin begründet, daß bei unmittelbarer Dampfabgabe ein
guter Dampfpreis erzielt werden kann, wobei gleichzeitig eine
bedeutende Verminderung der Gesamtanlagekosten der Müllverbrennungsanstalten durch Fortfall des für die eigene
Stromerzeugungsanlage erforderlichen Anlagekapitals erzielt
wird.

Der Anwendung dieser Art der Dampfverwertung steht,
mit Rücksicht auf die Notwendigkeit, die Müllverbrennungs-

anstalten in bewohntes Stadtgebiet zu verlegen, bei den neuzeitlichen einen staub- und geruchfreien Betrieb gewährleisten-
den Anlagen nichts im Wege. Sie wird ferner dadurch begünstigt, daß bei den neuen Müllfeuerungsanlagen, am zweckmäßigsten mit Hilfe einer Kohlenstaubzusatzfeuerung, die
beliebige Steigerung der Ofenleistung bei guter Ausnützung des
zugefeuerten Brennstoffes ohne weiteres möglich ist. Es
können also die Schwankungen der Dampfproduktion ausge-
glichen werden, womit die Möglichkeit der Anpassung an den
jeweiligen Bedarf des betreffenden dampfverbrauchenden Betriebes, trotz der stetigen Schwankungen sowohl des Müllheizwertes als auch der Müllmenge, gegeben ist.

Eine andere Art der Dampfverwertung, welche besonders
für kleine und mittlere Städte von großer Bedeutung sein
kann, besteht in der Dampfabgabe bzw. in der Abgabe von
Heißwasser an wärmeverbrauchende Betriebe wie Kranken-
häuser, Museen, Schulen, Kasernen, Schlacht- und Viehhöfe,
Waschanstalten und vor allem Schwimmbäder. Die Schwimmbäder sind hierzu besonders gut geeignet, da ihr Wärmebedarf
dem Wärmeanfall einer Müllverbrennungsanstalt im Verlaufe
eines Jahres am nächsten kommt. Diese Art der Dampfverwertung setzt ebenfalls den Bau der Müllverbrennungsanstalt in eine für die Übertragung der Wärme wirtschaftliche
Entfernung von den oben angeführten wärmeverbrauchenden
Betrieben voraus, was jedoch bei den neuzeitlichen Müllverbrennungsanlagen ohne weiteres möglich ist.

Die wirtschaftlichste Art der Dampfverwertung wird besonders für große Betriebe durch eine Kombination der besprochenen Verwertungsarten dadurch zu erzielen sein, daß
man zur Elektrizitätserzeugung Turbinenaggregate verwendet,
welche für die Entnahme von Zwischendampf eingerichtet sind,
so daß außer der elektrischen Energie auch Dampf von etwa
1 bis 2 at Spannung zu Kraft oder Heizzwecken abgegeben
werden kann.

Schlußwort zu Kapitel 11/10a.

Auf Grund der angestellten Betrachtungen kann mit Hinblick auf die Art der Dampfverwertung die wärmetechnische
Ausnützung des Mülls erfolgen in einem:

1. **Müllkraftwerk**, wobei der erzeugte Dampf in einer eigenen Stromerzeugungsanlage in elektrische Energie transformiert oder aber, was wirtschaftlicher ist, in Dampfform an benachbarte Wärmekraftwerke abgegeben wird.

2. **Müllheizwerk**, wobei der erzeugte Dampf bzw. Warmwasser an einen wärmeverbrauchenden Betrieb zu Heiz- und Brauchzwecken abgegeben wird. Hierbei ist den Volksbädern infolge des günstigen Verhältnisses zwischen Wärmeanfall- und -bedarf größte Beachtung beizumessen. Der für den Eigenbedarf notwendige Strom wird auswärts bezogen.

3. **Müllheizkraftwerk**, wobei der Dampf sowohl zur Elektrizitätserzeugung als auch durch Zwischendampfentnahme zur direkten Abgabe für Brauch- und Heizzwecke verwendet wird.

4. **Müllverbrennungsanlage**, wobei der Dampf lediglich zur Deckung des Eigenbedarfs an Dampf, Warmwasser und elektrischer Energie verwendet wird.

Welche Art der Dampfverwertung die wirtschaftlichste ist, hängt von örtlichen Verhältnissen ab und kann nur nach eingehender Prüfung und Berücksichtigung der angeführten Gesichtspunkte entschieden werden. Im allgemeinen wird m. E. das Müllheizkraftwerk für Großstädte und das Müllheizwerk für kleine und mittlere Städte die wirtschaftlichste Dampfverwertung ergeben.

b) Verwertung der Verbrennungsrückstände.

Die Menge der Müllverbrennungsrückstände ist bedeutend größer als jene der üblichen Brennstoffe. Sie beläuft sich je nach der Zusammensetzung des Mülls und der angewendeten Feuerungskonstruktion auf 40% bis 60% des verbrannten Müllgewichtes, wovon 40 bis 50% auf die Schlacke und 5% bis 10% auf die Flugasche entfallen.

Schlackenverwertung. Bei einem so bedeutenden Schlackenanfall ist es ohne weiteres klar, daß die Wirtschaftlichkeit einer Müllverbrennungsanlage in hohem Maße von einer wirtschaftlichen Schlackenverwertung abhängig ist. Diese ist erst durch Vervollkommnung der Müllfeuerungsanlagen möglich geworden, welche nunmehr in der Lage sind eine voll-

kommen ausgebrannte Schlacke zu erzeugen, die sich durch
einen verschwindend kleinen Sulfatgehalt bis zu 1,6%, große
Wetterbeständigkeit und einen hohen Härtegrad auszeichnet.

Die chemische Zusammensetzung der Müllschlacke ist
natürlich von der Müllzusammensetzung abhängig, somit gewissen örtlichen Schwankungen unterworfen. Die Schwankungen der chemischen Zusammensetzung einer gut ausge-
brannten Müllschlacke können erfahrungsgemäß zwischen den
einzelnen Städten sehr groß sein, sind aber in der gleichen
Stadt innerhalb eines Jahres gering. Einen Begriff von dem
chemischen Aufbau der Müllschlacke sollen die weiter unten
angeführten Analysen geben.

Stadt	Ofensystem	SiO_2	Al_2O_3	Fe_2O_3	CaO	MgO	Sonst
Köln . .	Musag	58,68	10,31	9,57	11,92	1,32	8,20
Moskau .	»	47,60	9,70	11,96	12,07	3,09	15,58
Barmen .	Humboldt	46,08	18,84	16,09	9,88	2,67	6,44
Tours . .	Sepia	46,00	16,60	8,60	21,00	2,10	5,70
Paris . .	Brechot	40,60	18,50	22,50	11,20	—	7,20

Die in der letzten Kolonne zusammengefaßten Bestandteile
bestehen aus MnO, CaS, $CaSO_4$, Alkalien und Glühverluste.
Der Sulfatgehalt beträgt hierbei etwa 1,6%. — Die in einer
neuzeitlichen Müllfeuerungsanlage anfallende Schlacke kann
somit ohne Bedenken als Ersatz für Kies verwendet werden.

Die ausgetragene glühende Ofenschlacke muß zunächst
mit Wasser gelöscht und hierauf einer weiteren Behandlung
unterzogen werden. Diese besteht in einer Zerkleinerung der
Schlacke auf die dem nachträglichen Verwendungszweck ent-
sprechende Korngröße, wobei das in der Schlacke enthaltene
Eisen durch Elektromagnete ausgeschieden wird. Bei den
Zellen- und Schachtöfen, bei welchen die Schlacke in großen
Blöcken anfällt, hat sich das Naßzerkleinerungsverfahren
System Vesuvio[1] (Abb. 41) gut bewährt. Es wird bei diesem
Verfahren die in der glühenden Schlacke enthaltene Wärme in
Zerkleinerungsarbeit umgewandelt. Der glühende Schlacken-
kuchen wird in ein Ablöschbecken (1) gestürzt, wo er durch die

---

[1] Angewendet in Amsterdam, Altona, Leiden und in mehreren französischen Müllverbrennungsanlagen System Sepia. Siehe
auch S. 86.

plötzliche Abkühlung zunächst in einzelne große Stücke zer-
springt, welche dann von einem Becherwerk (*2*) erfaßt und auf-
gehoben werden. Hierbei zerfallen die Schlackenstücke noch
weiter nach den durch die Einwirkung des Wassers gebildeten
Rissen. Dieser Prozeß wiederholt sich solange bis die Schlacke
soweit zerkleinert ist, daß sie von dem Becherwerk nach oben
befördert und einer Siebanlage (*3*) zugeführt werden kann. Ein
Nachteil dieses Verfahrens ist der große Verschleiß, dem die
Anlagen unterworfen sind. Es verursacht daher hohe Unter-
haltungs- und Erneuerungskosten.

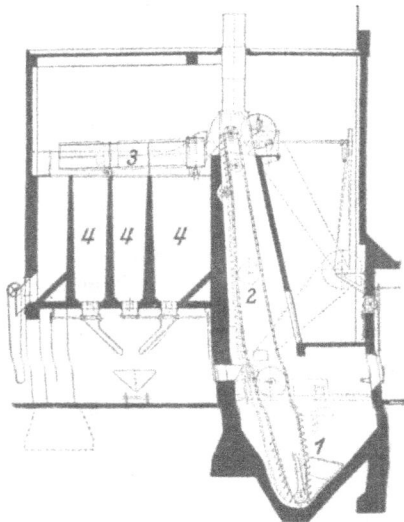

Abb. 41. Naßzerkleinerung System »Vesuvio«: *1* Ablöschbecken, *2* Becherwerk, *3* Siebanlage, *4* Schlackenbunker.

Im allgemeinen kommen für die Zerkleinerung einfache
Schlackenbrecher (Walzenbrecher) mit dahinter angeordneter
Siebanlage zur Verwendung. Es muß noch darauf hingewiesen
werden, daß man die Schlackenzerkleinerungsanlagen so anzu-
legen hat, daß möglichst wirtschaftliche Transportstrecken für
das Schlackenmaterial erzielt werden. Für den Schlacken-
transport sind in hygienischer, technischer und wirtschaftlicher
Hinsicht Schlackentransportbänder, mechanisch be-

wegte Muldenkipper, sowie Transportschnecken, geeignet. Zum Schutze des Arbeitspersonals muß ferner aus
hygienischen Rücksichten für eine einwandfrei arbeitende
Einrichtung zur Ableitung des beim Löschen der Schlacken
entstehenden Wasserdampfes, sowie zum Absaugen des beim
Brechen und Sieben sich bildenden Staubes, gesorgt werden.

Die so behandelte Schlacke wird auf einen Stapelplatz gebracht, wo sie der weiteren Verwertung harrt. Diese kann
außerordentlich vielseitig sein und zwar:

1. Für den Straßenbau. Die vorzügliche Eignung der
Müllschlacke als Straßenbaumaterial ist durch die vielfache
Anwendung in verschiedenen Staaten und besonders in England
(s. Lit. 36) selbst für stark belastete Verkehrsstraßen einwandfrei erwiesen worden. Für den Teer- und Asphalt-Makadam
ist die poröse Müllschlacke besonders gut geeignet. Sie liefert
eine wasserdichte, elastische und verhältnismäßig geräusch-
lose Straßendecke. Diese Tatsache verdient aber eine um so
größere Beachtung als die Teer- und Walzasphaltstraßen im
neuzeitlichen Straßenbau eine immer größere Bedeutung gewinnen. Auf die vorteilhafte Anwendung von Müllschlacke
im Straßenbau deuten auch die stellenweise erzielten hohen
Verkaufspreise hin, welche z. B. in Amsterdam die Höhe
von 6 RM. je m³ Grobschlacke und 10 RM. je m³ Fein-
schlacke, in Hamburg 4 RM. je Tonne zerkleinerte Schlacke
erreicht. Schließlich sei auch auf die Möglichkeit hingewiesen,
den Schlackensand mit Vorteil als Streumittel bei Glatteis
u. dgl. zu verwenden.

2. Für die Betonherstellung. Die chemische Zusammensetzung der Müllschlacke macht diese als Ersatz für
Kies auch für den Betonbau zugänglich. Festigkeitsversuche,
welche an verschiedenen Orten mit Müllschlackenbeton angestellt worden sind (s. Lit. 38, 33, 11), sowie die langjährigen
guten Erfahrungen, haben dessen in jeder Hinsicht vorzügliche
Qualität einwandfrei erwiesen.

3. Für die Herstellung von Mauersteinen. Die
technische Möglichkeit aus Müllschlacke gute Bausteine herzustellen ist vorhanden. Für diesen Zweck ist es jedoch ratsam
die Müllschlacke einem gründlichen Reinigungsprozeß zu unterziehen. Dieser hat sich auf die Entfernung des in der Schlacke

enthaltenen Kokses und anderer fremder Bestandteile, sowie auf das Auslaugen der löslichen Salze, zu erstrecken. Ein besonderes Augenmerk ist hierbei dem Sulfatgehalt zu schenken, der dauernd nachgeprüft werden sollte. Aus derart gereinigter Schlacke können nach bekannten Verfahren, unter Zusatz von Zement oder einem anderen Bindemittel und gleichzeitigem Anfeuchten mit Wasser, erstklassige Bausteine hergestellt werden. Es sei schließlich noch darauf hingewiesen, daß sich als Bindemittel für Müllschlackensteine kalkarme (sulfatfeste) Zemente, z. B. Hochofenzement, am besten eignen, weil bei deren Verwendung der Entstehung des gefährlichen Kalzium-Aluminium-Sulfates vorgebeugt wird. Die Bildung dieser Verbindung ist nämlich mit einer sehr starken Volumvergrößerung durch Kristallwasseraufnahme verbunden und kann sehr leicht zu Treibungen führen.

Aus Müllschlacke können hergestellt werden:

a) Hartsteine mit dichtem Gefüge und glatter Oberfläche, wobei man es in der Hand hat je nach der Konstruktion der Steinpresse entweder leichtgepreßte Steine mit einer Druckfestigkeit von über 80 kg/cm² und festgepreßte Steine mit einer solchen von über 180 kg/cm² herzustellen.

b) Körnersteine. Nach dem Körnerverfahren[1]) von Baudirektor Fried in Barmen mit 47% Porosität und einer Druckfestigkeit von 50 bis 60 kg/cm².

c) Bordsteine, Bürgersteigplatten, Treppenstufen, Tür- und Fensterrahmenstücke, Kanalrohre u. dgl.

Schließlich sei auch darauf hingewiesen, daß der aus gereinigter Schlacke hergestellte Schlackensand zur Mörtelherstellung herangezogen werden kann.

Die Wirtschaftlichkeit der Bausteinfabrikation aus Müllschlacke ist von einem ausreichenden und dauernden günstigen Absatz der Erzeugnisse, also von örtlichen Verhältnissen, abhängig. Was die Qualität der Müllschlackensteine anbelangt muß gesagt werden, daß sie ein preiswertes und sehr gut brauchbares Baumaterial bilden und unbedenklich an Stelle der Mauerziegel verarbeitet werden können. Sie zeichnen sich,

---

[1]) DRP. Nr. 294049, Klasse 80b, Gruppe 24, mit den Zusatzpatenten Nr. 294984 und Nr. 298142.

und dies gilt besonders von den Körnersteinen, infolge der
großen Luftzelligkeit durch Trockenheit der Räume und gute
Isolierung gegen Kälte und Wärme aus. Ihr Gewicht ist nicht
größer als das der entsprechenden gebrannten Ziegelsteine. Ihre
Farbe ist aschgrau. Durch Zusatz von Farbstoffen kann jedoch
jede gewünschte Färbung der Steine erzielt werden.

Die Erzielung guter Absatzpreise wird somit meistens
möglich sein, so daß auch aus wirtschaftlichen Gründen der
Müllschlackensteinfabrikation im allgemeinen nichts im Wege
steht und so der Bauindustrie ein gut brauchbarer Baustoff
zugeführt werden kann.

4. Für die Zementfabrikation. Die Müllschlacke
kann ferner unter Auswertung ihrer hydraulischen Eigenschaften durch entsprechenden Zusatz von Tonerde und Kieselsäure zur Zementfabrikation herangezogen werden. Eine allgemeine Anwendung dieser Art der Schlackenverwertung kommt
mit Rücksicht auf die erforderlichen teueren Anlagen zunächst
noch nicht in Frage und hat somit dieses Schlackenverwer-
tungsverfahren vorläufig nur geringe praktische Bedeutung.

Welches der unter 1. bis 4. genannten Schlackenverwer-
tungsverfahren den Vorzug verdient, hängt von den örtlichen
Verhältnissen ab.

Die im allgemeinen wirtschaftlichste Lösung erblicke
ich in einer Kombination der unter 1. bis 3. angedeuteten Verfahren und zwar derart, daß eine möglichst weitgehende
und womöglich vollständige Verwertung der Müllschlacke für
den Straßenbau und Betonbau vorgesehen wird, während eine
Steinfabrik mit Rücksicht auf deren Anlagekosten nur dann
vorgesehen werden soll, wenn nicht der ganze Schlackenanfall
in der oben vorgeschlagenen Weise verwertet werden kann bzw.
die Vermeidung einer zu großen Anhäufung der Winterschlacke
in der Zeit der ruhenden Bautätigkeit notwendig ist.

Da nun die Müllverwertungsanlagen städtische Betriebe
sind, so könnte ein befriedigendes finanzielles Ergebnis dieser
Art der Schlackenverwertung dadurch gesichert oder zumin-
desten begünstigt werden, daß die Verwendung der Müllschlacke und der Schlackensteine für sämtliche zu vergebenden
städtischen Hoch- und Tiefbauarbeiten als Ersatz für Kies und
Sand vorgeschrieben wird.

Flugaschenverwertung. Die Verwertung der in wesentlich geringeren Mengen anfallenden Flugasche, von deren
chemischen Zusammensetzung die folgenden Analysen einen
Begriff geben sollen, kann erfolgen:

a) als Düngemittel oder zur Geländeaufhöhung,
b) zur gemeinsamen Verwertung mit Feinmüll zur Herstellung von Kunstbasaltsteinen (s. S. 122),
c) als Isoliermittel für feuersichere eiserne Kassenschränke
u. dgl.,
d) zur Herstellung von Kunststeinen durch Anwendung
des mechanischen Versteinerungsverfahren (Weckverfahren) nach Prof. Schönhöfer.

Flugaschenanalysen.

Stadt	SiO_2	Al_2O_3	Fe_2O_3	CaO	MgO	SO_3	P_2O_5	K_2O	Na_2O
Toulouse .	50,82	24,52	9,20	8,88	1,29	3,25	0,66	0,51	
Paris . . .	49,03	24,68		9,60	1,52	6,50	1,92	2,93	2,50
Tours. . .	56,70	19,50		9,60	1,50	3,50	1,30	2,10	
Zürich . .	—	—	—	19,00	—	—	1,70	2,50	—

Die Entscheidung über die zweckmäßigste Art der Flugaschenverwertung kann nur von Fall zu Fall unter Berücksichtigung der örtlichen Verhältnisse getroffen werden. Im
allgemeinen wird man am besten die Verwertung als Dünge-
und Isoliermittel anstreben, soferne die Müllverbrennungsanlage nicht für eine Feinmüllverwertung zu Kunstbasaltsteinen nach dem Musagverfahren ausgebaut ist, in
welchem Fall die Flugasche dem Feinmüll zugesetzt wird. Das
Schönhöfer'sche Weckverfahren (s. Lit. 58) erfordert besondere
Anlagekosten und kann allgemein zur Verwertung der Flugasche solange nicht empfohlen werden, bis seine Anwendungsmöglichkeit hierzu technisch und wirtschaftlich einwandfrei
nachgewiesen worden ist.

Gesamtüberblick.

Die in großen Mengen anfallenden als Müll bezeichneten festen städtischen Abfallstoffe können infolge ihres Gehaltes an zersetzungs- und fäulnisfähigen Substanzen bei einer unsachgemäßen Behandlung erhebliche Belästigungen durch Staub, üble Gerüche und Ungeziefer verursachen. Sie können ferner — und dies ist von größter Bedeutung — pathogene Bakterien enthalten, welche dort nachweislich besonders günstige Lebensbedingungen vorfinden.

Es ist somit die vornehmste Aufgabe jeder Stadtverwaltung für die hygienisch einwandfreie Sammlung des Mülls, sowie eine ebensolche Abfuhr und endgültige Beseitigung, Sorge zu tragen.

Die Lösung der Müllbeseitigungsfrage ist besonders für Großstädte schwierig und zwar einerseits infolge der großen anfallenden Müllmengen und anderseits mit Rücksicht auf die langen Transportwege. Hier sinkt die Müllbeseitigung mehr oder weniger zu einer reinen Transportfrage herab und es wird in den meisten Fällen jenes Müllbeseitigungssystem den Anspruch auf größte Wirtschaftlichkeit haben, welches die hohen Müllabfuhrkosten herabzusetzen vermag.

Die erheblichen Kosten, welche die hygienisch einwandfreie Müllbeseitigung erfordert, führten mit Recht dazu, den Müll nicht allein beiseite zu schaffen sondern die in ihm enthaltenen Werte tunlichst auszunützen. Man wird sich daher in allen Fällen für eine Müllverwertung entschließen. Als solche ist auch die systematische Müllstapelung anzusehen, da sie geeignet ist Ödland in wertvolles Kultur- oder Bauland umzuwandeln.

Von den in der vorliegenden Abhandlung besprochenen Müllverwertungssystemen kommen teils aus hygienischen und teils aus wirtschaftlichen Gründen lediglich die Müllstapelung, die landwirtschaftliche Müllverwertung und die

Müllverbrennung in Frage. In besonderen Fällen, wenn — was in einer Reihe amerikanischer Städte zutrifft — der Gehalt des Mülls an Küchenabfällen besonders groß ist, kann auch deren getrennte Verwertung durch Reduktion auf Fett und Dünger unter Umständen wirtschaftliche Vorteile gewähren, wobei natürlich auch eine getrennte Sammlung und Abfuhr des Mülls nach dem Zwei- bzw. Dreiteilungssystem vorzunehmen ist.

Das am weitesten verbreitete Müllverwertungssystem ist die Müllstapelung. Sie kann bei einem systematischen, nach neuzeitlichen Grundsätzen erfolgenden Stapelungsbetrieb aus hygienischen Gründen zwar zugelassen werden ohne jedoch den Grad höchster hygienischer Vollkommenheit für sich beanspruchen zu können. Wirtschaftlich kann die Müllstapelung nur dann sein, wenn geeignete Ödflächen in unmittelbarer Nähe der Stadt zur Verfügung stehen und somit hohe Grunderwerbs- und Müllabfuhrkosten vermieden werden können.

Was die landwirtschaftliche Müllverwertung anbelangt, so können hierzu aus hygienischen und wirtschaftlichen Gründen lediglich zwei Verfahren zur Anwendung kommen. Es sind dies einerseits das Gärverfahren nach Beccari und anderseits die landwirtschaftliche Feinmüllverwertung.

Das Beccariverfahren kommt mit Rücksicht auf den großen Grundflächenbedarf aus wirtschaftlichen Gründen nur für kleine und mittlere Städte in Frage, wenn mit einem dauernden günstigen Absatz des erzeugten Düngers gerechnet werden kann. Aus technischen Gründen kann es nur in jenen Städten durchgeführt werden, wo wenig und nur mit Holz geheizt wird.

Die landwirtschaftliche Feinmüllverwertung dagegen ist — und dies gilt ganz besonders für die in Deutschland vorherrschenden Verhältnisse — in Verbindung mit der Müllverbrennung immer dann zu empfehlen, wenn der Gehalt des Mülls an unverbrennlichem Feinmüll sehr groß ist ($> 45\%$), somit dessen Verbrennung nur durch sehr hohen Zusatz hochwertiger Brennstoffe möglich wäre.

Das hygienisch einwandfreieste und im allgemeinen auch wirtschaftlichste Müllverwertungsverfahren ist die Müllverbrennung. Es soll hier nicht unerwähnt bleiben, daß sehr

viele bestehende Müllverbrennungsanstalten Zuschußbetriebe
sind, wobei ich jedoch gleichzeitig auch darauf hinweisen
möchte, daß diese Erscheinung einerseits auf veraltete Feuerungskonstruktionen und anderseits auf eine unzweckmäßige
Art der Wärmeverwertung, sowie der Verwertung der Verbrennungsrückstände, zurückzuführen ist.

Bei Anwendung der an entsprechender Stelle in der vorliegenden Arbeit vorgeschlagenen neuzeitlichen Empfangs- und
Transporteinrichtungen, sowie Feuerungskonstruktionen, wird
bei entsprechender Berücksichtigung der angeführten Möglichkeiten der Leistungssteigerung von Müllverbrennungsanlagen, sowie der vorgeschlagenen Wärme- und Schlackenverwertung, die Müllverbrennung im allgemeinen eine in
jeder Hinsicht befriedigende Lösung des Müllproblems darstellen.

Hierbei ist ausdrücklich zu beachten, daß moderne Müllverbrennungsanlagen ohne Bedenken in das Stadtinnere verlegt
werden können. Es ist somit eine Müllverbrennungsanlage
auch in dem Falle wirtschaftlich unbedingt gerechtfertigt,
wenn sie zwar einen Zuschuß zu den Betriebskosten erfordert,
dieser aber geringer ist als die Mehrkosten für den Mülltransport
nach den auswärts liegenden Stapelplätzen ausmachen würden.

Es sei schließlich nochmals ausdrücklich darauf hingewiesen, daß die Frage der Müllbeseitigung mehr als jedes andere
kommunaltechnische Problem, eine Funktion der Örtlichkeit
ist. Es kann daher ein in einer Stadt selbst mit bestem Erfolg
angewendetes Müllbeseitigungs- und -verwertungssystem nicht
ohne weiteres in einer anderen Stadt eingeführt werden, sondern
man muß vielmehr bei der Wahl eines geeigneten Verfahrens
auf die örtlichen Verhältnisse und die in der betreffenden
Stadt vorherrschenden Bedürfnisse weitgehende Rücksicht
nehmen.

Literaturverzeichnis.

1. Adolphs, G.: Der städt. Fuhrpark und seine Betriebe in Köln a. Rh. 1930. Verlagsanstalt G. m. b. H. Feudingen i. Westf.
2. Aletru, I. Dr.: La destruction des ordures ménagères par incinération. 1929. Paris.
3. Bernard, P.: Les solutions modernes du problème des ordures ménagères. 1927. Paris.
4. Brix, J.: Beseitigung der Abfallstoffe im Handbuch der praktischen Hygiene. 1913. Jena, G. Fischer.
5. Brechot, A. Dr.: Collecte, transport, traitement des ordures ménagères. 1924. Paris.
6. Buyard, Dr.: Über die Vergasung des Hauskehrichts. 1900. Dinglers polytechnisches Journal.
7. Bamag-Meguin A.-G.: Müllverwertung. Berlin 1927.
8. Bamag-Meguin A.-G.: Müllbeseitigung in Zürich. 1928. Berlin.
9. Dörr, Cl. Dr.: Hausmüll und Straßenkehricht. 1912. Leipzig, Leineweber.
10. Erhard: Einfluß der örtlichen Verhältnisse auf die Kosten der Müllbeseitigung. 1927. Weidenau-Sieg, Schmid u. Melmer.
11. Fodor, E. de: Elektrizität aus Kehricht. 1911. Budapest, J. Benkö.
12. Goger, E.: Die Müllverbrennungsanlage in Berlin-Schöneberg. Herausgegeben im Auftrage des Bezirksamts. 1924. Berlin-Schöneberg.
13. Architekten- u. Ingenieur-Verein zu Hamburg: Hamburg und seine Bauten. 1914.
14. Architekten- u. Ingenieur-Verein zu Hamburg: Hamburg und seine Bauten. 1929.
15. Hilgermann, Dr.: Lebensfähigkeit pathogener Keime im Kehricht und Müll. Archiv f. Hygiene, Bd. 65, S. 221.
16. Koller: The utilisation of waste products. London. The Sanitary Publishing Co. Ltd.
17. Lint, van: Le nettoiement de la voirie de l'après-guerre. 1924. Gand, F. u. R. Buyck.
18. Meyer, F. A.: Die städt. Verbrennungsanstalt für Abfallstoffe am Bullerdeich in Hamburg. 1901. Braunschweig, Vieweg & Sohn.
19. Meyer, Fr. Dr.-Ing.: Die Technik der Verbrennung und Energiegewinnung aus städt. Abfallstoffen. 1910. Leipzig, Leineweber.
20. Maisonnier: Question des ordures ménagères. 1924. Chateaubriant, L. Lemarre.
21. Münzinger, Dr.-Ing.: Amerikanische und deutsche Großdampfkessel. 1923. Berlin, Springer.
22. Niedner, Fr.: Die Straßenreinigung in den deutschen Städten, unter besonderer Berücksichtigung der Dresdener Straßenreinigung. 1911. Leipzig, W. Engelmann.

23. Silberschmidt, Dr.: »Müll« in Weyls Handbuch der Hygiene, II. Bd. 1919. Leipzig.
24. Spaet, Dr.: Über Müllbeseitigung und Müllverwertung in der Deutsche Vierteljahrsschrift für öffentliche Gesundheitspflege. 1911. S. 466.
25. Strell, M. Dr.-Ing.: Die Abwasserfrage. 1914. Leipzig, Leineweber.
26. Strell, M. Dr.-Ing.: Abwasserkläranlagen deutscher Städte. 1915. Berlin, W. Geißler.
27. Thiesing, Dr.: Beseitigung der festen Abfallstoffe im Handbuch der Hygiene von Rubner. 1927. Leipzig, S. Hirzel.
28. Thomson, A. L.: Modern public cleansing practice. London. 1928. The Sanitary Publishing Co. Ltd.
29. Vogel, J. H. Dr.: Die Beseitigung und Verwertung des Hausmülls. 1897. Jena, G. Fischer.
30. Valär, H.: Die Lösung der Kehrichtfrage im Kurort Davos. 1917. Davos, Kurverein.
31. Wollenhaupt: Müllverbrennungsanlagen System Herbertz. 1912. München, Meisenbach, Riffarth & Co.
32. Wollenhaupt: Dampferzeugung aus Müll. Vortrag, gehalten im Polytechnischen Verein in München am 21. Februar 1921.
33. Die städtische Verbrennungsanstalt für Abfallstoffe in Frederiksberg (Dänemark). Ausgearbeitet in Veranlassung der Baltischen Ausstellung in Malmö im Sommer 1914.

Fachzeitschriften.

34. Städtereinigung, 1920 bis 1930.
35. —, Insbes. 1921. J. Bodler: Müll als Energieträger und seine Stellung in der Wirtschaft der Städte.
36. —, 1926. Direktor Erdmann: Von englischen Müllbeseitigungs- und Straßenreinigungsbetrieben.
37. —, 1927. Dr. Hilgermann: Können durch Müll und Kehricht ansteckende Krankheiten verbreitet werden?
38. —, 1930. Dr. R. Grün: Die Verwendbarkeit von Müllschlacke zu Schlackensteinen.
39. Gesundheit, 1902. J. Brix: Über Städtekehricht und seine unschädliche Beseitigung.
40. —, 1907. C. Henneking: Die Müllbeseitigung in nordamerikanischen Großstädten.
41. Ges.-Ing., 1900 bis 1930.
42. —, Insbes. 1915. Dr. Klein: Abwasserbeseitigung und Kehricht behandlung in Lille.
43. —, 1915. Dr. Nübling: Klärschlammverarbeitung und Müllverbrennung in Verbindung mit Gaswerken.
44. —, 1924. J. Bodler: Düngeversuche mit Feinmüll und Mengedünger als Ausgangspunkt für eine wirtschaftliche Verwertung der städt. Abfallstoffe, Hausmüll und Klärschlamm.

140

45. Technisches Gemeindeblatt, 1900 bis 1930.
46. —, Insbes. 1903. C. Adam: Müllverbrennung oder landwirt-
    schaftliche Verwertung.
47. —, 1922. Müller: Zur Frage der Berliner Hausmüllbeseitigung.
48. Schweizer Bauzeitung, 1905. J. Fluck: Die städt. Kehricht-
    verbrennungsanstalt in Hard in Zürich.
49. Schweizerische Techniker-Zeitung, 1924. Lier: Wärmewirt-
    schaftliche Studien über Kehrichtverbrennung, unter be-
    sonderer Berücksichtigung der Kehrichtverbrennungsanstalt
    in Zürich.
50. Zeitschrift des bayerischen Revisionsvereins, 1921. J. Bodler:
    Die Vorbedingungen für die wirtschaftliche Verwertung des
    Hausmülls als Brennstoff.
51. Zeitschrift des V.D.I., 1927. Uhde: Die Müllverbrennung nach
    dem Kriege.
52. Archiv für Wärmewirtschaft, 1922. Dubbel: Müllverbrennungs-
    anlage in Davos.
53. —, 1924. Dr.-Ing. Marcard: Neuzeitliche Gesichtspunkte für
    den Bau von Müllkraftwerken.
54. Betonwerk 17. Jahrg. Nr. 12/13. Hock, H.: Die Eigenschaften
    separierter Steinkohlenschlacke und ihre Bedeutung als
    Baustoff.
55. Die Wärme, 1930. Wollenhaupt: Verbrennung von Müll-
    Kohle-Mischungen durch Elektrizitäts- und Gaswerke.
56. Der Werksleiter, 1929. Gumz: Abwärmeverwertung im Dampf-
    kesselbetrieb.
57. Feuerungstechnik, 1930. Gumz: Ruß- und Staubbekämpfung.
58. Tonindustrie, 1925/1926. Dr.-Ing. Schönhöfer: Kunststein-
    herstellung nach dem Weckverfahren.
59. Chaleur et Industrie, 1922. Lefeuvre: L'incinération indu-
    strielle des ordures ménagères.
60. —, 1929. Joulot: La centrale à ordures ménagères de la Ville
    des Tours.
61. —, 1929. Seillan: Note sur les dépoussiéreurs centrifuges.
62. La vie communale et départamentale, 1928. La ville de Toulouse
    incinère ses ordures ménagères.
63. Le Génie Civile, 1927. Girard: Les ordures ménagères de Paris
    et de sa banlieue.
64. —, 1929. Bricard: L'usine de traitement des ordures ménagères
    de La Ville de Paris à Issy-Les-Moulineaux.
65. La Technique Sanitaire et Municipale, 1925. Fremond: En-
    lèvement traitment et utilisation des ordures ménagères.
66. Babcock et Wilcox: Le dépoussièrage de fumées de foyers
    industriels.
67. Patentschriften.

Namen- und Sachverzeichnis.